Andreas Jacobebbinghaus

Die Wärmeentwicklung von elektrischen Leitungen und Beleuchtungseinrichtungen in Papierfaserdämmstoffen

GRIN Verlag

Bibliografische Information der Deutschen Nationalbibliothek:

Die Deutsche Bibliothek verzeichnet diese Publikation in der Deutschen Nationalbibliografie; detaillierte bibliografische Daten sind im Internet über http://dnb.d-nb.de/ abrufbar.

Impressum:

Druck und Bindung: Books on Demand GmbH, Norderstedt Germany
ISBN: 978-3-640-13926-2

Dieses Buch bei GRIN:

http://www.grin.com/de/e-book/110468/die-waermeentwicklung-von-elektrischen-leitungen-und-beleuchtungseinrichtungen

Diplomarbeit

Die Wärmeentwicklung von elektrischen Leitungen und Beleuchtungseinrichtungen in Papierfaserdämmstoffen

Andreas Jacobebbinghaus

Juni 1996

Die Wärmeentwicklung von elektrischen
Leitungen und Beleuchtungseinrichtungen
in Papierfaserdämmstoffen

Bergische Universität - Gesamthochschule Wuppertal

Fachbereich 14 - Sicherheitstechnik
Fachgebiet Brand- und Explosionsschutz

Diplomarbeit

Die Wärmeentwicklung von elektrischen Leitungen und Beleuchtungseinrichtungen in Papierfaserdämmstoffen

Andreas Jacobebbinghaus

Sicherheitstechnik / Zusatzstudium
Ausgabe: 12.02.1996
Abgabe: 11.06.1996

Der Verfasser dankt an dieser Stelle allen Personen, die durch Anregungen und Hilfe zu dieser Arbeit beigetragen haben. Besonderer Dank gilt meinen Eltern, die durch ihre umfassende Unterstützung während des gesamten Studiums diese Arbeit erst möglich machten.

Desweiteren möchte ich mich bei dem betreuenden Hochschullehrer Herrn Prof. Dr. rer. nat. H. Hölemann bedanken.

Herr Prof. em. Dr. rer. phil. H. Ruck stellte seine Arbeitsräume zur Verfügung und nahm an Diskussionen zum Thema teil. Dafür möchte ich Ihm besonderen Dank aussprechen.

Diese Arbeit habe ich selbständig verfaßt und keine anderen als die angegebenen Quellen und Hilfsmittel benutzt. Verwendete Zitate wurden als solche kenntlich gemacht.

Gütersloh, den 7. Juni 1996 Andreas Jacobebbinghaus

Inhaltsverzeichnis:

Zusammenfassung

Die Auswirkung der Erwärmung von elektrischen Betriebsmitteln (Leitungen und Halogen-Niedervoltleuchten) in Papierfaserdämmstoffen wird in dieser Arbeit untersucht.
Dazu wird einleitend ein Überblick über die relevanten DIN bzw. VDE-Vorschriften gegeben, insbesondere die DIN/VDE 0100 und die DIN/VDE 0298. Hier interessieren insbesondere die Vorschriften, die die Verlegung von Kabeln und Leitungen sowie deren Schutz durch Überstromeinrichtungen beschreiben, wie auch die Bestimmungen, die beim Einbau von Leuchten zu beachten und hauptsächlich in der DIN/VDE 0711 formuliert werden.
Die typischen Mißachtungen der Vorschriften in der Praxis werden ebenso betrachtet wie die daraus entstehenden Gefahren, wobei insgesamt von einer großen Kongruenz zwischen Vorschriftenwerk und der Praxis ausgegangen werden kann.
Die Eigenschaften von Papierfaserdämmstoffen, bei dem es sich um ein relativ neues Produkt handelt, werden mit denen von Mineralfaserdämmstoffen verglichen.
Die anschließenden Berechnungen zur Wärmeentwicklung von Leitungen in Papierfaserdämmschichten zeigen Unterschiede zu den empirsch ermittelten Werten in den VDE-Bestimmungen. In der VDE-Vorschrift geht man von einem Aufbau einer wärmegedämmten Wand aus, der mit dem einer papierfasergedämmten Wand nicht vergleichbar ist und daher von anderen Voraussetzungen bei der Wärmeleitung ausgeht.
Die geltenden Belastbarkeitswerte für Leitungen in wärmegedämmten Wänden sind nach diesen Ergebnissen nicht hinreichend und müßten experimentell genauer überprüft werden.
Hierzu werden zum Abschluß Vorschläge für Versuchsaufbauten zur Prüfung von Leitungen und Leuchten illustriert.

Einleitung

Den ökologischen Aspekten im Wohnungsbau wird eine immer größere Bedeutung zugemessen. Während Anfang der siebzieger Jahre, verursacht durch sehr niedrige Energiepreise (mit Ausnahme der Ölkrisen in den Jahren 1973 und 1979), sowohl ökologische als teilweise auch ökonomische Gesichtspunkte durch den Wunsch nach gesteigertem Wohnkomfort verdrängt wurden, stehen sie heute mit entscheidendem Gewicht im Vordergrund. Insbesondere im privaten Wohnungsbau besteht ein Interesse, ökologische Baukriterien mit in die Planung einzubeziehen. Zwei Aspekte der ökologischen Bauweise sollen hier besonders hervorgehoben werden: zum einem die Auswahl der Baustoffe nach ökologischen Gesichtspunkten, d.h. das Bestreben möglichst naturnahe und bei der Produktion energiesparsame Produkte für den Hausbau auszuwählen, zum anderen durch geeignete Maßnahmen den Energieverbrauch, insbesondere für die Beheizung des Wohnraumes, möglichst gering zu halten. Hier stellt die thermische Isolierung einen Schwerpunkt dar. Dämmstoffe aus Mineralfasern (Glas- oder Steinwolle) haben von den verschiedenen Dämmstoffen wohl den höchsten Bekanntheits- wie auch Anwendungsgrad. Doch ist gerade dieser Baustoff in letzter Zeit starker Kritik ausgesetzt, da er im Verdacht steht, daß seine mikrofeinen Fasern in der Lunge Krebs auslösen könnten. Für viele Bauherren wird dies schon Grund genug sein, sich nach geeigneten Ersatzstoffen bei der Wohnraumdämmung umzusehen. Papierfaserdämmstoffe aus Altpapier scheinen hier eine alternative Lösung zu bieten. Die Dämmstoffwerte sind mit denen von Mineralfasern nahezu vergleichbar; die Ökobilanz als auch eine nicht bekannte Gesundheitsgefährdung sprechen für diesen Dämmstoff.

Durch die Inkorporierung von Borsäure und Borax als Flammschutzmittel und zur Verhinderung von Schädlingsbefall muß dieser Baustoff bei dem Abriß eines Gebäudes allerdings als Sondermüll entsorgt werden. Zudem sind Papierfaserdämmstoffe im Gegensatz zu Mineralfasern nach DIN 4102 in die Baustoffgruppe B2 normal entflammbar eingestuft. Eine Erhöhung der Brandlast muß jedoch nicht in jeder Konsequenz eine erhöhte Brandgefährdung zur Folge haben. Diese Frage soll zumindest teilweise in Bezug auf Berührungspunkte mit elektrischen Betriebsmitteln untersucht werden.

1. Geltende VDE-Bestimmungen

Der VDE (**V**erein **D**eutscher **E**lektrotechniker e.V.) ist nach dem BGB ein eingetragener Verein. Gegründet wurde dieser Verein am 22. Januar 1893 in Berlin. Die VDE-Bestimmungen selbst haben somit keinen rechtsverbindlichen Charakter, deren Einhaltung und Anwendung kann jedoch durch andere Gesetze oder Verordnungen verbindlich vorgeschrieben werden. Da sie jedoch als allgemein anerkannte Regeln der Technik angesehen werden, spielen sie in der Praxis eine bedeutende Rolle. In verschiedenen Gesetzestexten wird bei Errichtung und beim Betrieb elektrischer Anlagen die Beachtung der allg. anerkannten Regeln der Technik gefordert, und dabei vielfach auf die VDE-Bestimmungen verwiesen.
Zu nennen ist hierbei ergänzend:
Das Energiewirtschaftsgesetz (EnWG) vom 13. Dezember 1935, das noch heute die Position und den Anspruch der EVU's vorgibt.
In der zweiten Durchführungsverordnung zum EnWG sagt der §1 folgendes sinngemäß aus:

Abs.1 Energieanlagen und -geräte sind ordnungsgemäß nach den anerkannten Regeln der Technik einzurichten und zu unterhalten.
Abs.2 Solche anerkannten Regeln der Technik sind die Bestimmungen des VDE

Bei der Anwendung dieser Bestimmungen ist damit eine ausreichende Rechtssicherheit gegeben. Die VDE-Bestimmungen sind Grundlagen für die sichere Ausführung der Elektro-Installation sowie der Herstellung von Elektrogeräten und Betriebsmitteln (Kabel, Leitungen, Überstromschutzorgane, Steckdosen, Schalter usw.). Die DIN 57 100/VDE 0100 über Elektro-Installationen in Wohngebäuden macht dazu entsprechende Vorgaben und Klarstellungen.

1.1 Leitungsinstallationen

Das richtige Verlegen von Leitungen und Kabeln gehört mit zu den Grundvoraussetzungen für sichere Elektro-Installationen im Hinblick auf Personen- und Brandschutz sowie Versorgungssicherheit. Die verschiedensten Installationsarten sind dabei in der Praxis anzutreffen. Die Ausführungsart der Installation hängt dabei im wesentlichen von zwei Umständen ab, die die Installation als Auf- oder Unterputz nahelegen. In Industriebauten wird in der Regel Aufputz mit Hilfe von Rohr, Kabelrinnen, Kabelkanälen etc. installiert, während im Wohnungsbau fast ausschließlich die Unterputzinstallation üblich ist. Desweiteren hängt die Art der Installation von der Ausführung der Wände bzw. Decken (Mauerwerk, Beton, Hohlwände etc.) ab. Unter diesen Aspekten sind die Kosten, die für die Elektro-Installation vorgesehen sind, weitgehend unvermeidlich.
In diesem Kapitel soll ausschließlich die Installation in Hohlwänden betrachtet werden, die vorzugsweise mit einem Papierfaserdämmstoff ausgekleidet sind. Hohlwände bestehen meist aus einer Rahmenkonstruktion, z.B. aus Holz oder Metall, die mit Gipskarton-, Span-, und Holzplatten oder ähnlichem verkleidet werden.
Bei solchen Wänden ragen die Betriebsmittel in den Hohlraum hinein (z.B. Verbindungs- oder Gerätedosen), oder sie sind direkt in der Hohlwand angeordnet, wie Leitungen und Kabel. Die Elektro-Installation in Hohlwänden aus vorwiegend brennbaren Baustoffen muß den Bestimmungen nach VDE 0100 Teil 730 entsprechen. Die DIN/VDE 0100 Teil 730 trifft im wesentlichen folgende Aussagen:

1. Die in Hohlwänden eingebauten Dosen, z.B. Verbindungs- und Gerätedosen, müssen den Prüfanforderungen für Hohlwanddosen nach DIN 57 606/VDE 0606 gerecht werden und die Kennzeichnung tragen.

2. Installationskleinverteiler und Hohlwanddosen ohne die Kennzeichnung müssen beim Einbau mit 20mm dickem Fibersilikat umhüllt oder in 100mm Glas- oder Steinwolle eingebettet sein.

3. Die bei der Installation in Hohlwänden verwendeten Kabel und Leitungen müssen eine äußere Umhüllung aus flammwidrigem

Kunststoff wie z.B. PVC besitzen. Stegleitungen dürfen nicht verwendet werden; ihr Aufbau ist nicht für die Hohlwandinstallation geeignet.

4. Bei der Verwendung von Installationsrohr muß dieses flammwidrig und damit vom Typ ACF ausgerüstet sein.

5. Ist eine feste Installation der Rohre oder Leitungen in der Hohlwand nicht möglich, müssen diese an den Anschlußstellen gegen Zug und Schub gesichert werden.

In den VDE-Richtlinien werden in allgemeinen Beschreibungen immer Kabel und Leitungen erwähnt, wobei diese Begriffe nicht eindeutig definiert sind. Allein aus den verschiedenen Anforderungen und Verwendungsarten, die in den nachfolgend aufgeführten VDE-Vorschriften definiert sind, läßt sich ein Unterschied erkennen. [10]

DIN/VDE 0250 Leitungen
DIN/VDE 0255 Papier-Masse-Kabel mit Aluminium- oder Bleimantel
DIN/VDE 0265 PVC-Kabel mit Bleimantel
DIN/VDE 0271 PVC-Kabel
DIN/VDE 0281 Starkstromleitungen mit PVC-Isolierung
DIN/VDE 0282 Starkstromleitungen mit Gummi-Isolierung

Kabel dürfen prinzipiell überall, auch im Erdboden, verlegt werden und sind im Niederspannungsbereich für U0/U=0,6/1kV gebaut. Sie können ohne irgendeine Einschränkung verlegt werden.
Leitungen hingegen dürfen, gleich welcher Bauart, nicht im Erdboden verlegt werden. Aus den einzelnen Bestimmungen, insbesondere der DIN/VDE 0298 Teil 3 sind die jeweiligen Anwendungsmöglichkeiten zu entnehmen.
Die Unterscheidung zwischen Kabel und Leitung ist im übrigen nur in Deutschland gebräuchlich.

1.2 Überstromschutzeinrichtungen

Überstromschutzorgane haben die Aufgabe, elektrische Anlagen (Verteilungen, Leitungen, Geräte etc.) im Kurzschluß oder bei Überlastung vor schädigenden Auswirkungen zu schützen.
Hinsichtlich des Aufbaus und der Wirkungsweise wird dabei prinzipiell unterschieden zwischen:

- Schmelzsicherungen nach DIN 57 636/VDE 0636 (Abb. 1.1)
  z.B NH-Sicherungen nach Teil 21
  D-Sicherungen nach Teil 31
  (Diazed-Sicherungen)
  D0-Sicherungen nach Teil 41
  (Neozed-Sicherungen)

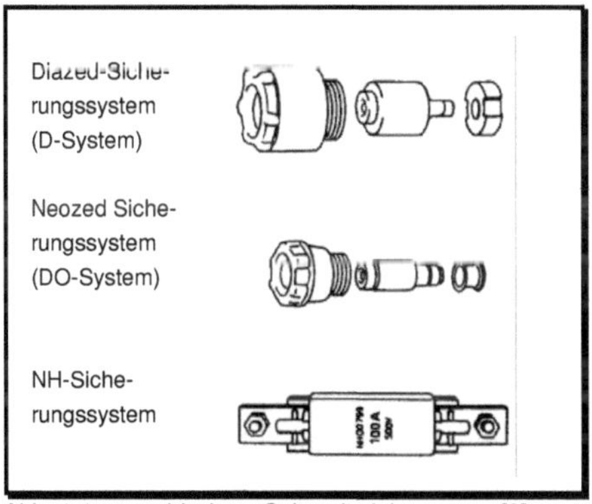

Abb. 1.1: verschiedene Schmelzsicherungen [3]

- Überstromschutzschalter
  z.B. Leitungsschutzschalter nach DIN 57 641/VDE 0641 (Abb. 1.2)
  Motorschutzschalter
  Leistungsselbstschalter

Abb. 1.2: Leitungsschutzschalter

Durch den verzweigten Aufbau einer Elektro-Installation sind mehrere Überstromschutzorgane in einer Reihe angeordnet. Dabei übernimmt ein Überstromschutzorgan immer den nachfolgenden Anlagenteil. Wird der Querschnitt der Leitung oder des Kabels an einer Stelle verjüngt, so ist an dieser Stelle ein weiteres Überstromschutzorgan vorzusehen. In einem Wohngebäude mit z.B. zwei Wohnungen sind mindestens folgende Schutzorgane einzuplanen:

Sicherungen (Typ NH) im Hausanschlußkasten. Die von diesem Punkt zum Zählerschrank verlaufende Leitung ist somit geschützt. Im Zählerkasten wird diese Leitung aufgeteilt; hier werden für jeden Zähler wieder Vorsicherungen eingeplant. Bei diesen Sicherungen handelt es sich ebenfalls um NH-Sicherungen, meist in der Größe 00. Hinter dem Zähler sind nochmals Sicherungen sowie ein Leistungsschalter vorgesehen. Hier werden in der Regel DO-Sicherungen eingesetzt. DO-Sicherungen sind allgemeiner bekannt unter dem Namen Neozed-Sicherungen. Von hier erfolgt die Verteilung auf die Leitungsschutzschalter. Leitungschutzschalter sind in dieser Auflistung die Schutzorgane, die uns besonders interessieren. Sie sollen nach DIN 18 015 Teil 1 als Überstromschutzorgane vorgesehen werden. Es könnten an dieser Stelle allerdings auch Schmelzsicherungen eingesetzt werden; in der DIN sind für Licht- und Steckdosenstromkreise jedoch ausschließlich Leitungsschutzschalter genannt. Diese Nennung erfolgte deshalb, da nach der Beseitigung der Störung, die die Auslösung des Schutzorgans verursacht hat, der Stromkreis sofort wieder in Betrieb genommen werden kann, ohne daß irgenwelche Teile ausgewechselt werden müssen. Außerdem ist das 'flicken' von Sicherungseinsätzen mit Hilfe von Alu-Folie oder ähnlichem nicht mehr möglich und damit eine früher häufige Gefahrenstelle beseitigt.

In der DIN/VDE 0100 Teil 430 wird festgelegt, mit welchen Strömen verschiedene Kabel und Leitungen belastbar sind und welche dafür vorzusehenden Leitungsschutzschalter den Vorschriften entsprechen.
Die verschiedenen Kabel und Leitungen sollen dadurch gegen eine Erwärmung über die maximal zulässige Temperatur geschützt werden. Leitungen mit einer PVC-Umhüllung dürfen bis maximal 70°C erwärmt werden. Eine Gefahr der Entzündung des Papierfaserdämmstoffes durch erwärmte Leitungen ist somit nicht primär Zweck der Bestimmung, da Kabel und Leitungen bei geringeren Temperaturen geschädigt werden, als für eine Entzündung des Dämmstoffes notwendig wäre. Der Schutz gegen übermäßige Erwärmung betrifft primär die Kabel und Leitungen. Bei länger andauernder übermäßiger Erwärmung wird die Isolierung beschädigt und damit die Lebensdauer eingeschränkt. Bei PVC z.B. diffundieren bei erhöhter Temperatur die Weichmacher aus der Isolierung, die Isolation wird spröde und brüchig und hat eine Verringerung der Isolationsfähigkeit zur Folge; die Unfallgefahr steigt.
Die Belastbarkeit der einzelnen Kabel und Leitungen ist der DIN/VDE 0298 Teil 4 zu entnehmen, in der auch die verschiedenen Verlegearten berücksichtigt sind (Tab. 1.1).
Bei der Verlegung von Leitungen wird unterschieden in folgenden Verlegearten:

Verlegeart A (Abb. 1.3):

Verlegung von Leitungen in Wärmegedämmten Wänden, z.B.:

- Aderleitungen in Elektroinstallationsrohren oder Elektroinstallationskanälen.
- Ein- oder mehradrige Mantelleitungen in Elektroinstallationsrohren oder Installationskanälen.
- Mehraderleitungen direkt in der Wand verlegt.

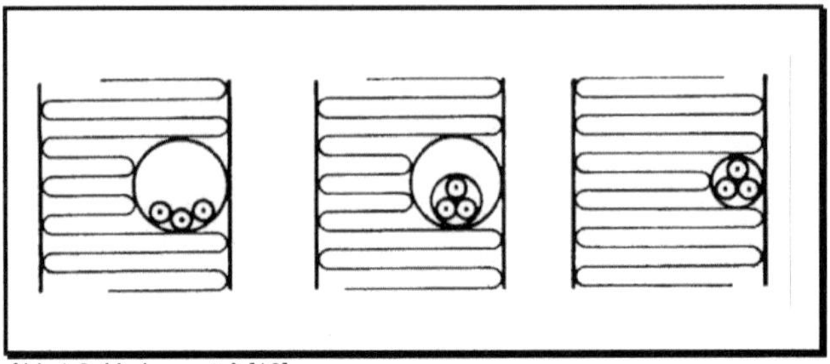

Abb 1.3: Verlegeart A [10]

Verlegeart B1 (Abb. 1.4):

Verlegung von Leitungen auf oder in Wänden in Elektroinstallationsrohren oder Elektroinstallationskanälen, z.B.:

-Aderleitungen in Elektroinstallationsrohren *auf* der Wand.

-Aderleitungen in Elektroinstallationskanälen *auf* der Wand

-Aderleitungen, einadrige Mantelleitungen und mehradrige Leitungen in Elektroinstallationsrohren *in* der Wand

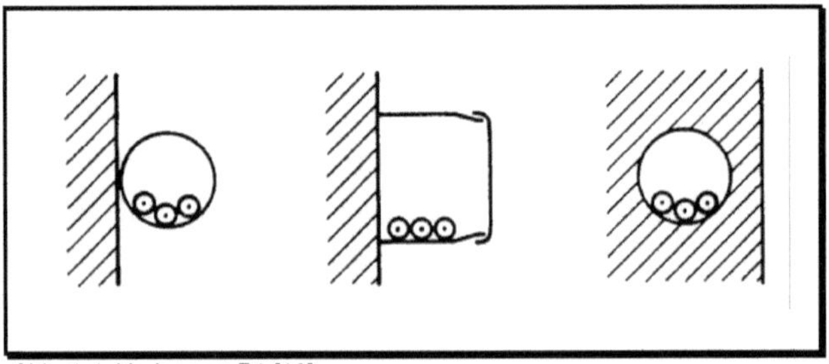

Abb. 1.4: Verlegeart B1 [10]

Verlegeart B2 (Abb. 1.5):

Verlegung von Leitungen auf Wänden in Elektroinstallationsrohren oder Elektroinstallationskanälen, z.B.:

-Mehradrige Leitungen in Elektroinstallationsrohren auf der Wand oder auf dem Fußboden.

-Mehradrige Leitungen in Elektroinstallationkanälen auf der Wand oder auf dem Fußboden.

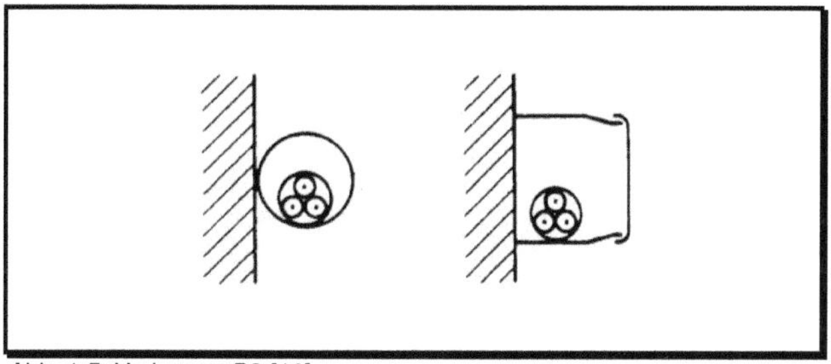

Abb. 1.5: Verlegeart B2 [10]

Verlegeart C (Abb. 1.6):

Verlegung von Leitungen direkt auf der Wand oder in der Wand (unter Putz). Z.B.:

-Mehradrige Leitungen auf der Wand oder auf dem Fußboden.

-Einadrige Mantelleitungen auf der Wand oder auf dem Fußboden.

-Mehradrige Leitungen, Stegleitungen in der Wand oder unter Putz.

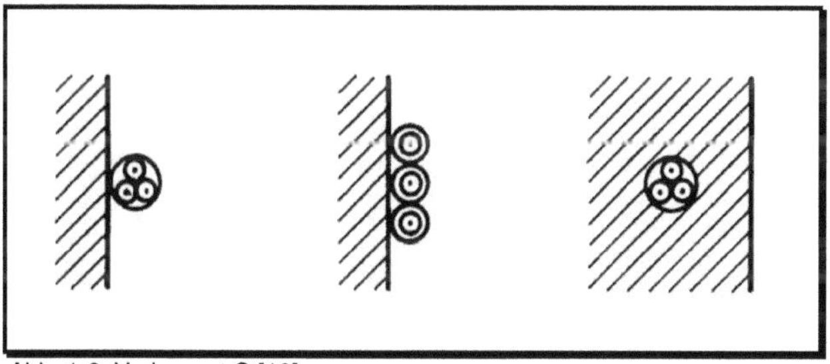

Abb. 1.6: Verlegeart C [10]

Verlegeart E (Abb. 1.7):

Verlegung von mehradrigen Mantelleitungen frei in der Luft mit einem Abstand von ≥ 0,3d von der Wand, z.B.:

-NYM, NYMZ, NYMT, NYBUY, NHYRUZY.

Verlegeart F (Abb. 1.8):

Verlegung von einadrigen Mantelleitungen frei in der Luft mit einem Abstand von ≥ d von der Wand, z.B.:

-NYM, NYMZ, NYMT, NYBUY, NHYRUZY.

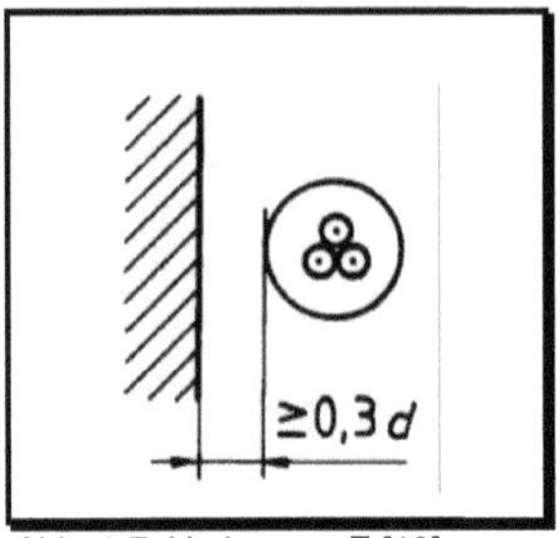

Abb. 1.7: Verlegeart E [10]

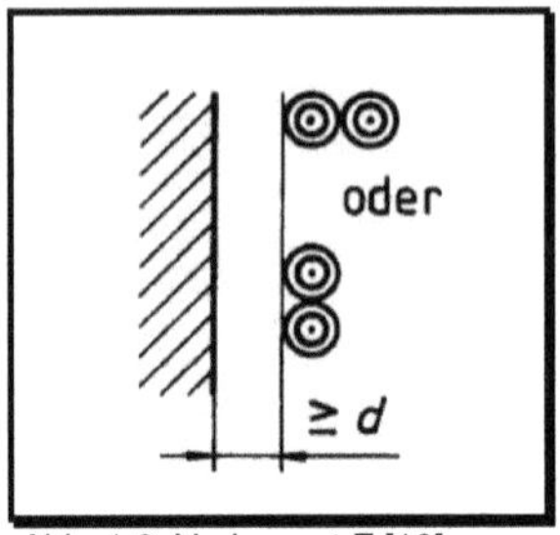

Abb. 1.8: Verlegeart F [10]

Verlegeart	A		B1		B2		C		E		F
Anzahl der belasteten Adern	2	3	2	3	2	3	2	3	2	3	2
Querschnitt in mm² Cu	Strombelastbarkeit I_Z in A bei 30°C										
1,5	15,5	13	17,5	15,5	15,5	14	19,5	17,5	20	18,5	20
2,5	19,5	18	24	21	21	19	26	24	27	25	27
4	26	24	32	28	28	26	35	32	37	34	37
6	34	31	41	36	37	33	46	41	48	43	482
10	46	42	57	50	50	46	63	57	66	60	66
16	61	56	76	68	68	61	85	76	89	80	89
25	80	73	101	89	90	77	112	96	118	101	118
35	99	89	125	111	110	95	138	119	145	126	145
50	119	108	151	134	-	-	-	-	-	-	-
70	151	136	192	171	-	-	-	-	-	-	-
95	182	164	232	207	-	-	-	-	-	-	-
120	210	188	269	239	-	-	-	-	-	-	-
	Strombelastbarkeit I_Z in A bei 25°C										
1,5	16,5	14	18,5	16,5	16,5	15	21	18,5	21	19,5	21
2,5	21	19	25	22	22	20	28	25	29	27	28,5
4	28	25	34	30	30	28	37	34	39	36	39
6	36	33	43	38	39	35	49	43	51	46	51
10	49	45	60	53	52	49	67	60	70	64	70
16	65	59	81	72	72	65	90	81	94	85	94
25	85	77	107	94	95	82	119	102	125	107	125
35	105	94	133	118	117	101	146	126	154	134	154
50	126	114	160	142	-	-	-	-	-	-	-
70	160	144	204	181	-	-	-	-	-	-	-
95	193	174	246	219	-	-	-	-	-	-	-
120	223	199	285	253	-	-	-	-	-	-	-

Tab. 1.1: Strombelastbarkeit I_Z bei 30°C und 25°C Umgebungstemperatur [10]

Eine PCV-isolierte Leitung in einer wärmegedämmten Wand mit einem Querschnitt von 1,5mm², zwei belasteten Adern und einer

Umgebungstemperatur von 25°C darf mit einem Strom von 16,5A belastet werden (Tab. 1.1). In diesem Fall ist ein Leitungsschutzschalter mit 16A vorzusehen.
Dabei ist folgende Bedingung zu erfüllen:

$$I_b \le I_n \le I_z \qquad (1.1)$$

mit: I_b zu erwartender Betriebsstrom des Stromkreises
I_n Nennstrom des Schutzorganes
I_z Strombelastbarkeit der Leitung oder des Kabels

Die Strombelastbarkeit von Kabel und Leitungen ist in der DIN/VDE 0298 Teil 2 bis Teil 4 noch detaillierter aufgeführt. Hier werden verschiedene Isoliermaterialien, Luft- oder Erdtemperaturen sowie andere Parameter mit berücksichtigt. Bei einer Umgebungstemperatur von 25°C können auch bei Kabel und Leitungen, die in wärmegedämmten Wänden verlegt sind, Leitungsschutzschalter mit einem Nennstrom von 16A verlegt werden. Der Mindestquerschnitt muß dabei für Wechselstromkreise (230V) 1,5mm² und für Drehstromkreise (400V) in den häufigsten Fällen 2,5mm² betragen. Der Querschnitt von 2,5mm² bei Drehstromkreisen wird in der DIN/VDE 0100 empfohlen, um in einer Elektroinstallation in einem Wohngebäude alle Leitungsschutzschalter mit einem Nennstrom von 16A einsetzen zu können. Beim Einsatz von Kabel oder Leitungen mit einem Querschnitt von 1,5mm² in Drehstromkreisen (drei belastete Adern) ist in der Regel nur eine Absicherung mit max. 10A zulässig.

1.3 Leuchten

Die VDE-Vorschriften über Leuchten geben hauptsächlich in der DIN/VDE 0711/EN 60598 die gewünschten Informationen. Diese neue internationale Norm hat die nationale DIN/VDE 0710 am 1. November 1992 abgelöst. Die alte DIN/VDE 0710 gilt allerdings noch für Leuchten, die in der internationalen Norm nicht erwähnt werden. Nach der alten VDE-Richtlinie geprüfte und zertifizierte Leuchten dürfen noch bis zum 31. Oktober 1997 produziert werden.
Die DIN/VDE 0711 besteht wie auch die DIN/VDE 0710 aus einem Hauptteil mit den allgemein gültigen Bestimmungen, die in Sonderteilen für die verschiedensten Leuchtenarten ergänzt werden.
Eine allgemeine Anforderung an Leuchten liegt darin, daß sie so bemessen und gebaut sind, daß sie im bestimmungsmäßigen Gebrauch keine Gefahr für Personen und Umgebung bilden. In diesem Zusammenhang ist insbesondere die Wärmeentwicklung zu beachten, die eine der hauptsächlichen Gefahren durch Leuchten darstellt.
Im Gegensatz zur Vorschrift DIN/VDE 0710, nach der alle Leuchten im normalen Betrieb eine Befestigungsflächentemperatur von 95°C nicht überschreiten durften, ist nun für entsprechend gekennzeichnete Leuchten die Temperatur an der Befestigungsfläche nicht mehr begrenzt. Solche Leuchten müssen mit einem Warnhinweis versehen sein, daß sie nicht auf normal entflammbaren Flächen angebracht werden dürfen. Dies gilt sowohl für Leuchten mit Entladungslampen und eingebauten Vorschaltgeräten oder Transformatoren, die die F-Anforderungen nicht einhalten und deshalb nicht mit ▽F gekennzeichnet werden dürfen, als auch für vergleichbare Glühlampen.
Eine zweite Gruppe umfaßt Leuchten, die keine Vorschaltgeräte oder Transformatoren enthalten und die so beschaffen sind, daß die Temperatur an der Befestigungsfläche im normalen Betrieb 90°C nicht überschreitet.
Die dritte Gruppe bilden Leuchten mit eingebauten Vorschaltgeräten oder Tranformatoren, die zur direkten Montage auf normal entflammbaren Werkstoffen vorgesehen sind. Sie sind mit dem Bildzeichen ▽F versehen.
In Zukunft sollen auch Glühlampenleuchten, die die Erwärmungsanforderungen einhalten, mit ▽F gekennzeichnet werden. Es wird dann nur noch zwei Arten von Leuchten geben; Leuchten, die das ▽F Zeichen tragen oder Leuchten, die nicht zur Montage auf normal

entflammbaren Materialien geeignet sind und einen entsprechenden Warnhinweis tragen.
Außerdem gibt es noch Leuchten, die zum Einbau in Möbel geeignet sind. Diese Leuchten tragen die Kennzeichen ▽M oder ▽M▽M.
Die verschiedenen Aufschriften haben dabei folgende Bedeutung:

▽F	Einsatz der Leuchte mit Vorschaltgerät, in Verbindung mit normal- oder schwerentflammbaren Baustoffen zulässig.
▽F▽F	Einsatz der Leuchte mit Vorschaltgerät, in Verbindung mit leichtentflammbaren Baustoffen (brennbare Stäube) zulässig.
▽M	Einsatz der Leuchte mit Vorschaltgerät für die Anbringung auf Einrichtungsgegenständen, die in ihrem Brandverhalten nichtbrennbaren, schwer- oder normalentflammbaren Baustoffen entsprechen. Dabei kann die Montageart vorgeschrieben sein.
▽M▽M	Einsatz der Leuchte mit Vorschaltgerät für die Anbringung auf Einrichtungsgegenständen, deren Brandverhalten nicht bekannt ist. Dabei kann die Montageart vorgeschrieben sein.

Leuchten oder Vorschaltgeräte die mit ▽M oder ▽M▽M gekennzeichnet sind, erfüllen natürlich auch die F-Anforderungen, und brauchen somit nicht extra mit dem F-Kennzeichen versehen zu werden. Es gibt noch weitere Kennzeichen für die Charakterisierung von Leuchten. Für die hier beschriebenen Anwendungsfälle reichen die oben erläuterten jedoch aus. Warum in diesem Zusammenhang auch Möbelleuchten erwähnt werden, wird im nachfolgenden Text noch ersichtlich.

In dieser Arbeit sollen insbesondere Einbauleuchten mit Niedervolt-Halogenlampen betrachtet werden, denn nur bei Einbauleuchten ist schließlich ein Kontakt mit Dämmstoffen möglich. Diese Einbauleuchten, insbesondere mit Halogen-Niedervoltlampen, ermöglichen durch die teilweise sehr geringen Einbautiefen einen vielfältigen Einsatz. Vorzugsweise in Decken, die nicht aus Beton, sondern aus wärmegedämmten

Holzkonstruktionen (typischerweise im Dachgeschoß) bestehen, lassen sich diese Einbauleuchten auch nachträglich sehr gut installieren. Hier sind jedoch besondere Anforderungen zu beachten. Bei den für die Deckenverkleidung verwendeten Materialien handelt es sich in der Regel um normal oder schwer entflammbare Baustoffe nach DIN 4102.
Schwerentflammbare Baustoffe sind z.B. Holzwolle-Leichtbauplatten, Gipskartonplatten oder Tapeten bis 150g/m², soweit sie auf massivem mineralischen Untergrund aufgeklebt sind.
Normal entflammbare Baustoffe sind z.B. Holzwerkstoffe mit einer Dicke von $d \geq 2mm$ oder kunsstoffbeschichtete Holzfaserplatten mit $d \geq 3mm$.
Auf oder in leicht entflammbaren Baustoffen wird normalerweise keine Leuchte montiert, da diese Baustoffe nach den Bauverordnungen der Länder in Gebäuden nicht verwendet werden dürfen.
Für die vorgenannten Deckenverkleidungen (normal oder schwer entflammbar) sind zwei Arten von Leuchten zulässig. Leuchten mit der F-Kennzeichnung dürfen grundsätzlich eingebaut werden, Leuchten ohne diese Kennzeichnung nur dann, wenn sie folgende Anforderungen erfüllen: Sie haben kein Vorschaltgerät oder Transformator eingebaut und werden im normalen Betrieb an der Befestigungsfläche nicht wärmer als 90°C; einen Warnhinweis brauchen sie somit nicht zu tragen. Einbauleuchten mit eingebautem Transformator für Halogen-Niedervoltlampen sind in der Praxis nicht anzutreffen, da sie den Vorteil der geringen Einbaumaße nicht bieten könnten. Daher sind in der Regel Leuchte und Transformator bei Einbauleuchten getrennt. Diese als auch andere Niedervoltsyteme kann man in folgende Komponenten aufteilen:

- Transformator
- Stromführende Leiter (Kabel, Leitungen, Träger- u. Profilleiter)
- Die Leuchte mit dem Leuchtmittel
- Verbindungselemente (Klemmen)

Für Niedervoltsysteme sind kurzschlußfeste Sicherheitstransformatoren nach DIN/VDE 0551 Teil 1 einzusetzen. Diese Sicherheitstransformatoren müssen das Zeichen tragen und dürfen somit auf entflammbaren Bauteilen installiert werden. Bei der Verwendung von Konvertern (elektronischen Trafos) müssen diese der DIN/VDE 0712 Teil 24 genügen, kurzschlußfest und gegen Überhitzung geschützt sein. Da Niedervoltleuchten der

Schutzklasse III[1] entsprechen, müssen Transformatoren und Konverter gegen die Verschleppung der Primärspannung auf die Sekundärspannungsseite geschützt sein.
Bei der Installation von Transformatoren und Konvertern ist darauf zu achten, daß diese zugänglich und so angeordnet sind, daß alle Leuchten auf dem kürzesten Weg mit Spannung versorgt werden.

Leitungen in Niedervoltbeleuchtungsanlagen müssen einen Querschnitt von mindestens 1,5mm² haben. Bei Verwendung von flexibler Leitung mit einer Länge von weniger als 3m ist ausnahmsweise ein Querschnitt von 1mm² erlaubt. Bei flexiblen freihängenden Leitungen muß der Querschnitt mindestens 4mm² Cu betragen. Der Grund hierfür liegt in der erhöhten mechanischen Belastung, die der Leiter ausgesetzt ist. Einer der beiden aktiven Leiter muß mindestens isoliert oder eine Schutzeinrichtung vorhanden sein. Diese Schutzeinrichtung wird gefordert, da bei nicht oder nur teilweise isolierten Leitern eine erhöhte Brandgefahr durch Leitungsschlüsse entsteht. Die Schutzeinrichtung muß die Verbraucherleistung überwachen. Wird die Leistung im Fehlerfall um mehr als 60W überschritten, muß die Schutzeinrichtung innerhalb von 0,3s abschalten. Für die Belastbarkeit der Leitungen gilt im übrigen die DIN/VDE 0100 Teil 430. Bei der Dimensionierung der Leitungen ist außer der Belastbarkeit der maximal zulässige Spannungsabfall von Bedeutung. Insbesondere bei Niedervoltanlagen haben Spannungsabfälle eine wesentlich größere Wirkung als bei 230V. Die maximal zulässigen Leitungslängen sind in Tab. 1.2 dargestellt.

Leistung	Strom	Kabelquerschnitt (mm²)			
(VA)	(A)	1,5	2,5	4	6
20	1,67	15	25	40	60
50	4,17	6	10	16	25
100	8,33	3	5	8	12
150	12,50	2,5	3,5	5,5	8
200	16,67	1,5	2,5	4	6
250	20,83	—	2	3	5

Tab. 1.2: Maximale zulässige Leitungslänge in m bei 12-Volt Niederspannungsanlage für $\Delta U=5\%$

[1] Schutz gegen elektrischen Schlag durch Schutzkleinspannung

Für Halogen-Niedervoltleuchten gibt es momentan noch keine gesonderte VDE-Bestimmung. Es gelten somit die gleichen Vorschriften wie für andere Leuchten. Generell muß die Leuchte so beschaffen sein, daß ein Herausfallen der Lampe vermieden wird. Brennbare Gegenstände müssen in Strahlungsrichtung einen Abstand von min. 0,5m einhalten, wenn der Hersteller keine anderen Angaben macht. Halogenlampen, insbesondere mit Netzspannung betriebene, neigen dazu, am Ende ihrer Lebensdauer zu platzen und heiße Teile der Glühwendel oder des Lampenkolbens in die Umgebung zu schleudern. Dies kann mitunter mit großer Wucht geschehen, so daß sie getroffene Gegenstände unter Umständen in Brand versetzen können. Um dies zu verhindern, muß die Leuchte mit einer geeigneten Vorrichtung ausgerüstet sein, die den Austritt der Teile verhindert; in der Regel wird dies mit einer Glasabdeckung erreicht. Momentan gilt diese Forderung allerdings nur für zweiseitig gesockelte Halogen-Glühlampen. Für einseitig gesockelte wie z.B. Niedervolt-Reflektorlampen wird eine entsprechende Forderung noch erarbeitet. Zur Frage, ob auch Niederspannungs-Halogenlampen platzen können, konnte noch keine Einigung erzielt werden. Es herrschte lange Teit die Ansicht, daß Lampen für Spannungen < 20V nicht platzen. Niedervolt-Halogen-Reflektorlampen sind trotzdem seit einiger Zeit mit einer Schutzglasabdeckung ausgerüstet. Die Diskussion hierüber als auch andere Funktionen der Frontscheibe haben zu dieser Maßnahme geführt. Neben der Funktion als Dekorglas schwächen sie zudem den Austritt an UV-Strahlung. Da Halogen-Metalldampflampen das Tageslicht am besten von allen Leuchtmitteln nachbilden, haben sie natürlich auch einen entsprechenden UV-Licht-Anteil. Die verschiedentlich befürchteten Haut- oder Augenschäden durch UV-Strahlen von Beleuchtungseinrichtungen mit Halogen-Glühlampen haben sich nicht bestätigt. Um eine biologische Wirkung zu verursachen, muß die Schwellendosis an bewerteter (wirksamer) Strahlung innerhalb von 24h erreicht werden, um eine Wirkung auszulösen. Bei Beleuchtungsstärken bis zu 1000Lx (Bürobeleuchtung liegt bei ca. 500Lx) und Bestrahlungszeiten unter 15h kann mit einer Halogen-Glühlampe eine UV-Wirkung beim Menschen nicht auftreten. Eine 15stündige Bestrahlung mit ungefiltertem Halogenlicht bei 1000Lx entspricht ungefähr einem Aufenthalt in der Sommersonne (etwa 100.000Lx) für eine Zeit von etwa 10min. Die Frontscheiben als UV-Filter haben allerdings ihre Berechtigung bei der

Beleuchtung von UV-empfindlichen Gegenständen, wie sie z.B. in Galerien oder Museen anzutreffen sind.
Bei den Halogenreflektorlampen gibt es somit unzählige verschiedene Typen. Grundsätzlich wird unterschieden zwischen Metallreflektor-Lampen und Kaltlichtreflektor-Lampen. Die aufgedampfte Metallschicht (meistens Aluminium) bei Metallschichtreflektoren reflektiert ca. 90% der Wärmestrahlung mit dem sichtbaren Licht. Im Gegensatz dazu sind die Kaltlichtreflektoren teilweise durchlässig für IR-Licht und reflektieren nur etwa 30% der IR-Strahlung. Die restlichen 70% werden nach hinten abgeführt. Da der Lichtkegel einen wesentlich geringeren Wärmeanteil besitzt, wurde der Begriff Kaltlichtreflektor oder auch 'cool beam' geprägt. Diese beiden Typen gibt es sowohl mit als auch ohne Frontscheibe. Dann gibt es noch verschiedene Leistungen (15W-50W) und letztendlich noch eine Unterteilung nach dem Abstrahlwinkel (5°-36°). Auf dem Markt durchgesetzt hat sich zum größten Teil der Kaltlichtreflektor mit Frontscheibe.
Da Kaltlichtreflektorlampen wie oben beschrieben einen wesentlich größeren Anteil der Wärme nach hinten abführen, müssen Leuchten, die für diese Lampen nicht geeignet sind, entsprechend gekennzeichnet werden. Dies gilt entsprechend für Lampen mit Frontscheibe.

Bei Einbauleuchten ohne F Zeichen sind nicht nur in Strahlungsrichtung Mindestabstände gegeben. Von der Oberseite der Leuchte beim Einbau in die Decke muß mindestens ein Abstand von 25mm zu entflammbaren Werkstoffen eingehalten werden. Darauf muß in der mitgelieferten Montageanleitung hingewiesen werden. Der Hersteller muß die seitlichen Abstände bestimmen und ebenfalls in der Montageanleitung angeben. Die Temperatur im Einbauraum darf im normalen Betrieb 90°C nicht überschreiten. Gemessen wird dies in einem Prüfkasten, der oberhalb der Leuchte einen Abstand von 25mm und einen seitlichen Abstand zwischen 50mm und 75mm besitzt. Herstellerangaben, die seitlich kleinere Abstände erlauben, müssen durch Messung mit den Werten des Herstellers überprüft werden.

Verbindungen oder Anschlüsse müssen entweder als Schraub- oder schraublose Klemmen ausgeführt sein. Die Verwendung von Schneidklemmen ist nicht erlaubt. In vielen Leuchten sind die Anschlußklemmen von Leuchten nicht befestigt, sondern, lediglich an die inneren Leitungen angeschlossen und in die Leuchte eingelegt. Dies ist nur dann zulässig, wenn durch die Konstruktion gewährleistet ist, daß unabhängig von der Lage kein Kurzschluß entstehen kann. Anschlußstücke, die auch der mechanischen Verbindung der Leuchte am Leiter dienen, müssen mindestens das 5fache der Masse der Leuchte (inclusive Leuchtmittel) ohne bleibende Verformung tragen können, mindestens jedoch 1,5kg. Der elektrische Anschluß über Kontergewichte, Krokodilklemmen oder ähnlichem ist aufgrund nicht ausreichenden Kontaktverhaltens unzulässig.

2. In der Praxis angewendete Installationsarten im Vergleich zu den behördlichen Bestimmungen und deren Gefahren bei Nichtbeachtung der Vorschriften

Die VDE-Bestimmungen sollen den sicheren Aufbau und Betrieb einer elektrischen Anlage gewährleisten. Die Sicherheit wird natürlich nur erfüllt, wenn sowohl der Installateur als auch der Betreiber die Notwendigkeit der VDE-Bestimmungen einsehen und befolgen. Da Sicherheit zusätzliche Kosten verursachen kann, ist eine hinreichende Erfüllung der Sicherheitsmaßnahmen nicht immer gegeben. Um Kosten zu sparen (natürlich nur bis zu einem Schadensereignis), werden nicht alle Bestimmungen eingehalten. Aus der Berufserfahrung des Verfassers sind nachfolgend einige Mißachtungen der Sicherheitsvorschriften exemplarisch dargestellt.

1. Bei Installationschaltungen wird der Neutralleiter allein geschaltet (Hamburger Sparwechselschaltung, Abb. 2.1). Bei festen Installationen darf der Neutralleiter jedoch nur zusammen mit den Außenleitern geschaltet werden. Diese Schaltung ermöglicht den Einbau einer Steckdose unter einem Schalter bei einer vieradrigen Zuleitung. Bei einer normalen Wechselschaltung wären fünf bis sechs Adern notwendig. Die Hamburger Sparwechselschaltung trifft man heute nur noch äußerst selten, insbesondere aber in alten Installationen an. Sie ist seit den vierziger Jahren nicht mehr zulässig. Wie schon erwähnt wurde sie angewandt, um Adern zu sparen, birgt aber große Gefahren: Am Verbraucher (idR eine Lampe) kann auch im ausgeschalteten Zustand an beiden Adern Spannung anliegen. Im zugehörigen Schalter werden sowohl der Außenleiter als auch der Neutralleiter angeschlossen.

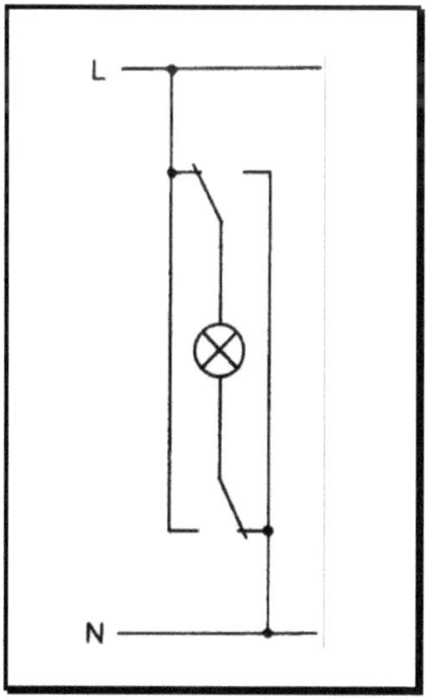

Abb 2.1: Hamburger Sparschaltung

2. Ein weitere anzutreffende Gefahrenstelle ist die Nichtbeachtung der farblichen Kennzeichnung nach DIN 40705. Bei mangelnder Aderzahl wird schon mal die als Schutzleiter vorgesehene Ader als Außen- oder Neutralleiter oder als Schaltdraht benutzt. In den Abzweigdosen ist eine Unterscheidung nach den Farben nicht mehr möglich, was eine Übersicht vereitelt. Auch diese Maßnahme dient der 'Kupfereinsparung' und kommt ebenfalls hauptsächlich in älteren Anlagen vor. Diese Unart stammt wahrscheinlich aus der Zeit, in der noch die alte Farbnorm galt (Tab. 2.1). Bei der alten Farbkennzeichnung, die durch die VDE 0293/11.66 ersetzt wurde und bis zum 60.06.1970 gültig war, wurde grau in der Regel für den Nullleiter und rot für den Schutzleiter benutzt. Bei dieser Regelung war jedoch keine Ausschließlichkeit gefordert. So konnten sowohl der graue wie der rote Leiter auch als Schaltdraht oder Außenleiter benutzt werden.

Anzahl der Adern	Farbkennzeichnung	Kurzzeichen
2	grau/schwarz	gr/sw
3	grau/schwarz/rot	gr/sw/rt
4	grau/schwarz/rot/blau	gr/sw/rt/bl
5	grau/schwarz/rot/blau/schwarz*	gr/sw/rt/bl/sw*
* Bei Kabel nach VDE 0265 und VDE 0271 war die fünfte Ader gelb gekennzeichnet		

Tab. 2.1: Farbkennzeichnung von Leitungen nach VDE 0250 und Kabel nach VDE 0265 sowie VDE 0271 [10]

3. Die Verwendung von einem Installationsrohr für mehrere Hauptstromkreise ist ebenfalls anzutreffen, jedoch nicht erlaubt, da auch hier die Übersicht bzw. die Zuordnung nicht gegeben ist. Hinzu kommt der zusätzliche Aufwand bei Reparaturen.

Die drei Beispiele zeigen typische Verletzungen der VDE-Bestimmungen und haben wie auch viele andere einen einzigen Grund: Sie dienen der Materialeinsparung. Da in den letzten Jahrzehnten die Preise für Kabel und Leitungen wie auch für Betriebsmittel wie z.B. Leitungsschutzschalter stark gefallen sind, ist von solchen Fehlern in neuen Anlagen oder Anlagen, die erneuert werden, nicht mehr auszugehen. Zudem handelt es sich primär um Gefahren, die den Personenschutz betreffen und in diesem Zusammenhang für uns somit nicht von besonderer Bedeutung sind.

In modernen Elektroinstallationen sind die Kosten nicht mehr die primären Planungsgrundlagen: Komfortansprüche und Sicherheitsbewußtsein haben heute einen höheren Stellenwert eingenommen.
Hier soll insbesondere die Leitungsinstallation in Papierfaserdämmstoffen betrachtet werden. Da es sich bei diesem Baustoff um ein neuartiges Produkt handelt, wird er hauptsächlich in Neubauten, renovierten Altbauten oder nachträglich ausgebauten Dachböden anzutreffen sein. Bei Elektroinstallationen in Neubauten kann man grundsätzlich von fachgerechten Arbeiten ausgehen. Beim nachträglichen Dachausbau wie auch bei Renovierungsarbeiten oder Isolierungen kann man ebenfalls einen Aufwand zugrundelegen, der eine Neuinstallation der elektrischen Anlage einschließt. So kann im allgemeinen davon ausgegangen werden, daß die Verlegung von Kabeln und Leitungen in Papierfaserdämmstoffen fachgerecht ausgeführt ist. Daß nicht doch einige Installationen von Hobby-Heimwerkern in völliger Unkenntnis der VDE-Bestimmungen errichtet werden, ist grundsätzlich natürlich nicht auszuschliessen. Hier soll allerdings nur betrachtet werden, ob die Praxis im allgemeinen die VDE-Bestimmungen erfüllt. Dies kann hinsichtlich der Verlegung von Kabeln und Leitungen in der Regel angenommen werden.
Bei der Wahl der Leitungsschutzschalter hat es in der Vergangenheit insbesondere bei Drehstromkreisen immer wieder Unklarheiten gegeben. Bis Ende der Siebziger Jahre war eine Absicherung mit 16A bei einem Querschnitt von 1,5mm^2 erlaubt. Durch die internationale Neuregelung der Belastbarkeit von Kabeln und Leitungen ist diese Kombination nur noch in einigen Fällen erlaubt. Bei der Verwendung von mehradrigen Mantelleitungen mit einem Querschnitt von 1,5mm^2 im Rohr und *unter* Putz verlegt ist eine Absicherung von 16A zulässig. Wird diese Leitung jedoch im Installationsrohr *auf* Putz verlegt, so müssen Leitungsschutzschalter mit 10A Nennstrom verwendet werden. Bei Verlegung ohne Rohr direkt auf der Wand ist sogar eine Verwendung von Leitungsschutzschaltern mit einem Nennstrom von 20A erlaubt. Man erkennt, daß die Regelung über die Belastbarkeit von Kabel und Leitungen in einigen Punkten kompliziert ist. Aus diesem Grund wird in der Regel bei Neuinstallationen von Drehstromkreisen ein Querschnitt von 2,5mm^2 unabhängig von der Installationsart gewählt. Damit ist die Verwendung von Leitungsschutzschaltern mit 16A Nennstrom in jedem Fall zulässig.

Beim Anbringen von Leuchten haben sich seit der Gültigkeit der neuen DIN/VDE 0711/EN 60598 Veränderungen ergeben. Leuchten dürfen an der Befestigungsoberfläche jetzt eine Temperatur von über 95°C erreichen, allerdings müssen sie mit einem Warnhinweis versehen sein, daß sie *nicht* auf entflammbare Materialien montiert werden dürfen. Dieser Warnhinweis muß allerdings schon erfolgen, wenn die Leuchte Temperaturen von > 90°C erreicht.
Bei der Montage von Einbauleuchten, speziell für Niedervolt-Halogenlampen, besteht jedoch nach wie vor eine gewisse Unsicherheit. Hierzu finden sich auch in der neuen DIN/VDE 0711 keine hinreichenden Bestimmungen. Hier wird ausschließlich der Abstand der Oberseite einer Einbauleuchte zu entflammbaren Bauteilen mit mindestens 25mm vorgeschrieben, soweit sie kein ▽F Zeichen tragen. Den seitlichen Abstand muß der jeweilige Leuchtenhersteller angeben. Die Hersteller geben in der Regel einen allseitigen Abstand von 50mm vor, und fügen noch lakonisch hinzu, daß für ausreichende Belüftung zu sorgen ist. Beim Einsatz von Einbauleuchten in abgehängten Decken oder verkleideten Decken oder Wänden, deren Zwischenräume nicht mit einem Wärmedämmstoff ausgekleidet sind, kann wohl von einer ausreichenden Belüftung ausgegangen werden. Schwierig wird die Beurteilung, wie eine ausreichende Belüftung beim Einbau von Leuchten in wärmegedämmten Decken oder Wänden auszusehen hat. Der ausführende Elektrofachbetrieb wird diese Frage wohl kaum beantworten können. Eine Hilfestellung in Form von einfachen Berechnungsmethoden oder Ergebnisse eigener Versuchsreihen werden von den Leuchtenherstellern nicht herausgegeben. Nachfragen des Verfassers bei einigen namhaften Leuchtenherstellern haben zu Tage gefördert, daß selbst die Verkaufssachbearbeiter nicht beantworten können, ob die Einhaltung der Mindestabstände eine ausreichende Belüftung bietet. Eine hilflose Antwort mit etwa folgendem Wortlaut: 'Sie sollten eventuell für eine zusätzliche Lüftung sorgen', wird einer fachkundigen Auskunft gewiß nicht gerecht.

Mit derart schwachem Wissen der Hersteller ausgerüstet, muß sich der Elektrofachbetrieb eigene Lösungsmöglichkeiten erarbeiten. Eine einfache als auch kostengünstige Möglichkeit bietet die Verwendung von Pflanztöpfen aus Ton. Diese werden kopfüber auf die Einbauleuchte gestülpt, die ursprünglich zur Wasserversorgung im Boden befindliche Öffnung dient nunmehr als Durchführung für die Zuleitung. Diese Maßnahme hat sich bei einigen Fachbetrieben im Umfeld des Verfassers verbreitet. Es wird wohl auch andere geeignete Hilfsmittel geben, die Benutzung von Tontöpfen ist jedoch besonders einfach und kostengünstig; das vielfältige Größenangebot läßt zudem eine gute Anpassung an die Maße der Leuchte zu. Ein Herabfallen des Dämmstoffes auf die Leuchte wird verhindert, bei der Verwendung von entflammbaren Dämmstoffen wird dieser von der Leuchte nicht nur ferngehalten, sondern auch getrennt. Diese Maßnahme dürfte somit als ausreichend gelten, um die VDE-Bestimmungen zu erfüllen. Man kann allerdings nur Spekulationen darüber anstellen, ob damit eine ausreichende Belüftung gegeben ist, die eine zu hohe Erwärmung der Umgebung verhindern soll. Bei zu hoher Erwärmung nimmt die Lebensdauer der Leuchtmittel rapide ab; unter Umständen kann eine Temperatur erreicht werden, die zur Entzündung brennbarer Materialien ausreicht. Bei solchen Temperaturen würden die Leuchtmittel jedoch sehr schnell ausfallen, bei mehrmaligem Ausfall käme es sicherlich zu Reklamationen. Da diesbezüglich bei den Betrieben, die o.g. Belüftungsmethode mit Hilfe von Tontöpfen anwenden, noch keine Rückmeldungen gekommen sind, kann man diese Methode zunächst als ausreichend ansehen.

Die für den Betrieb von Niedervolt-Beleuchtungsanlagen notwendigen Transformatoren oder Konverter stellen ein wesentlich geringeres Risiko dar. Die für Halogen-Beleuchtung vorgesehenen Transformatoren tragen idR alle das MM-Zeichen. Sie sind damit zum Einsatz in Möbel geeignet und besitzen entsprechende Vorrichtungen (Temperatursicherungen, Temperaturfühler etc.), die eine übermäßige Erwärmung verhindern. Bei Nichtbeachtung der notwendigen Abstände, die vom Hersteller für eine ausreichende Kühlung angegeben werden, kommt es in erster Linie zu Betriebsstörungen in der Form, daß nach einiger Zeit das 'Licht ausgeht', weil der Transformator abgeschaltet hat. Dann jedoch sollte dem Installateur ein 'Licht aufgehen', um nach einem geeigneteren Einbauort zu suchen.

Eine übermäßige Erwärmung der Leitungen zu den Leuchten kann bei der Installation durch einen Fachbetrieb ebenfalls ausgeschlossen werden. Halogen-Niedervoltlampen sind sehr spannungsempfindlich, bei zu hoher Spannung nimmt die Lebensdauer sehr rasch ab, bei zu niedriger sinkt der Lichtstrom deutlich (Abb. 2.2). Schon bei kleinen Spannungsabfällen auf der Leitung erscheinen die Lampen dunkler, d.h. die maximalen Spannungsabfälle werden bei einem Strom erreicht, der die Leitung nicht übermäßig erwärmen kann.

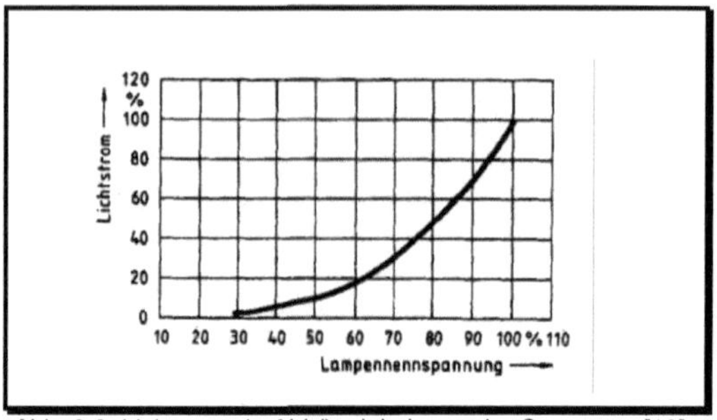

Abb. 2.2: Lichtstrom in Abhängigkeit von der Spannung [10]

Zusammenfassend kann bei der Errichtung von Niedervolt-Beleuchtungsanlagen durch einen Elektrofachbetrieb von einer ausreichenden Sicherheit im Brandschutz ausgegangen werden, da die Funktionssicherheit schon herabgesetzt wird, wenn aus brandschutztechnischer Sicht noch keine Gefahr vorliegt.

Bei der Installation solcher Beleuchtungsanlagen durch den Laien kann man davon wahrscheinlich leider nicht ausgehen. So befinden sich die viele Laien bzw. Hobbyheimwerker in dem Irrglauben, daß bei der Anwendung von Schutzkleinspannung keine Gefahr ausgeht. Demnach hält man die Beachtung der VDE-Vorschriften nicht unbedingt für erforderlich. Die Mißachtung von Bestimmungen hat bei der Errichtung von Niedervolt-Beleuchtungsanlagen wohl auch andere Ursachen als bei den Leitungsinstallationen. Während bei letzteren der Wille zur Einsparung von Material als hauptsächliche Ursache ausgemacht und durch den Preisverfall von Installationsmaterial eliminiert werden konnte, ist bei der Errichtung von Beleuchtungsanlagen die Unkenntnis von Gefahren die wohl wahrscheinlichste Ursache. Diese läßt sich natürlich nur schwer beseitigen. Das Hauptgefahrenpotential wird dabei nicht von den Transformatoren oder den Leitungen, sondern den Leuchten ausgehen. Hier liegt die Befürchtung nahe, daß beim Einbau der Leuchten keine Maßnahmen zur Einhaltung der Mindestabstände ergriffen werden und damit eine potentielle

Entzündungsquelle entsteht. Bei der Verwendung von Mineraldämmstoffen, die nicht brennbar sind, wird sich der Betreiber wohl nur über den frühzeitigen 'Tod' der Leuchtmittel ärgern müssen. Ist die Decke jedoch mit brennbaren Dämmstoffen wie Papierfasern ausgekleidet, kann hier von einer ernsthaften Gefahr ausgegangen werden.

3. Der Einsatz von Papierfaserdämmstoffen und deren Eigenschaften im Vergleich zu Dämmstoffen aus Mineralfasern

Bei Planung und Durchführung beim Bau von neuem Wohnraum spielen Wärmedämmstoffe nicht erst seit Einführung der neuen Wärmeschutzverordnung eine bedeutende Rolle. Der Wärmeschutz soll bei der Anwendung sowohl ökonomische als auch ökologische Vorteile erbringen. Der ökomische Vorteil ist bei den meisten Dämmstoffen und in den häufigsten Anwendungen wohl unumstritten. Anlaß zur Diskussion ist jedoch die Frage nach den ökologischen Aspekten beim Einsatz von Dämmstoffen. Ein verringerter Verbrauch an Heizenergie spiegelt nicht unbedingt einen ökologischen Vorteil wieder. Bei der Beurteilung ökologischer Aspekte spielen viele Aspekte eine Rolle, die vom Anwender in vielen Fällen nicht überschaubar sind.

Bei Papierfaserdämmstoffen handelt es sich um ein relativ neues Produkt, das durch die Politik der Altpapier-Wiederverwertung in den letzten Jahren besondere Impulse erfahren hat. Aber es gibt auch sachliche Argumente, die für den Einsatz von Altpapierfasern und gegen die bis dahin üblichen und noch heute gebräuchlichen Mineralfasermatten sprechen.

So kommt es bei Dämmstoffen natürlich vorrangig auf ihre Dämmwirkung an, d.h. auf ihre schlechte bzw. langsame Wärmeleitung. Dabei wird allerdings ausgeklammert, daß auch die beste *Wärmedämmung* nichts nützt, wenn es an der *Winddichtigkeit* hapert. Dieser Parameter erwies sich nämlich aufgrund neuerer Messungen als die Achilles-Ferse der Mineralfasern! Letztere verfügen nämlich über eine strukturierte Oberfläche, die Qualitäten provoziert, die den Filzeigenschaften von Schafwolle ähnlich zu sein scheinen.

Wenn man z.B. eine zwischen Wand und Verschalung oder zwischen zwei Holzplatten oder dgl. eingelegte Mineralfasermatte mechanisch verformt oder verschiebt oder in irgendeiner Weise Druck auf das Fadengelege bzw. Fasernetzwerk ausübt, resultiert eine bleibende Verformung, da die elastischen Rückstellkräfte solcher dreidimensionaler Netzwerke nicht ausreichen, den Zustand *vor* der Verformung wiederherzustellen. Konvektiven Luftströmungen wird aber an solcher Art deformierten Matten Tür und Tor geöffnet, so daß von *Winddichtigkeit* nicht länger gesprochen werden kann. Untersuchungen haben durch Sichtbarmachung der Temperaturdurchlässigkeit diesbezüglich mittels 'Farbphotographie' demonstriert, daß Mineralfaserdämmplatten mit duktilem Fasergefüge infolge reduzierter lokaler Winddichtigkeit diesbezüglich Dämmstoffen aus Altpapierfasern eindeutig unterlegen sind. Letztere sind nämlich elastisch und erholen sich nach Verformung relativ bald. Altpapierfasern haben ferner den Vorteil, daß sie Luftfeuchte unter entsprechender Wärmeströmung ab- wie auch desorbieren und somit einen Beitrag zur Stabilität des Raumklimas leisten können. Da Mineralfaserdämmstoffe diese Eigenschaft nicht besitzen, ist es in der Praxis üblich, an der äußeren Dämmstoffoberfläche eine Belüftungsebene zu belassen, damit der Dämmstoff nicht feucht wird und dadurch zusammenfällt. Gerade diese Belüftungsebene bereitet bei Steildächern, insbesondere bei Kehlen, Durchdringungen und Graten etc. besondere Schwierigkeiten. Zusätzlich verliert man durch die Belüftungsebene an Dämmstoffdicke, die bei AP-Fasern vorgesehene Vollsparrendämmung bringt somit einen weiteren Vorteil, wenn beide Dämmstoffe den gleichen k-Wert aufweisen.

Durch die Art der Einbringung in die Dämmschicht bieten AP-Fasern noch einen weiteren Vorteil. In die Dämmschicht hineinragende Bauteile wie Schalter- und Abzweigdosen, Leitungen, Rohre, Stützen etc. werden durch die Einblastechnik optimal umhüllt. Bei Verwendung von Dämmstoffmatten werden diese dagegen eingedrückt und bilden Hohlräume (Abb. 3.1).

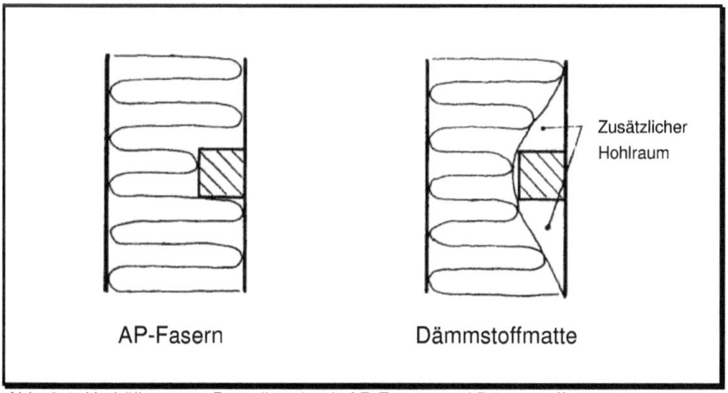

Abb. 3.1: Umhüllung von Bauteilen durch AP-Fasern und Dämmstoffmatten

Natürlich besitzt Papier auch Nachteile. Vor allem seine holzhaltigen Fasern enthalten zwischen 18 und 28% Lignin, das schon bei 140°C auch ohne

Druck erweicht und deshalb seinen Flammpunkt eher erreicht als die umgebende Materie aus Cellulose. Lignin neigt deshalb vor anderen Dämmstoffen zur Ausbildung von Schwelbränden, weshalb AP-Fasern maßgeschneiderte Rezepturen beim Zusatz flammenverzögernder Salze verlangen. Eine neuere US-Publikation kommt deshalb zu dem Schluß, daß Papierstoffe einer Relation von 6:1 bedürfen, was die Anteile von von Borsäure zu Borax betrifft. Mit diesen Problemen befaßt sich auch die z.Zt. noch laufende Diplomarbeit von Stefan Schierl im FB 14.

Im Gegensatz zu Mineralfaserdämmstoffen, die in die Baustoffklasse A1 (nicht brennbar) nach DIN 4102 Teil 1 eingestuft werden, sind Papierfaserdämmstoffe brennbar. Der Dämmstoff mit dem Handelsnamen 'isofloc' z.B. wird in die Baustoffklasse B2 als normal entflammbar eingestuft. Dies ist ein weiterer Nachteil von Papierfaserdämmstoffen. Hier stellt sich die Frage, ob sich dieser Dämmstoff durch die in die Dämmschicht hineinragenden Bauteile wie Kabel und Leitungen wie auch Einbau-Leuchten entzünden läßt. Der von der wärmedämmtechnisch betrachteten Seite als Vorteil eingestufte Tatbestand, daß AP-Fasern eine bessere Umschließung der in die Dämmstoffschicht hineinragenden Bauteile erreichen, kann sich bei der Erwärmung durch Kabel und Leitungen sowie Einbau-Leuchten durchaus als nachteilig erweisen. So werden Kabel und Leitungen bei Verwendung von Dämmstoffmatten nur einseitig von diesen umschlossen, die andere Seite liegt an der abschließenden Wand an und kann an dieser die Wärme besser abführen als an den kohärenten Dämmstoff. Wird die Leitung bei Verwendung von AP-Fasern allseitig umschlossen, was durchaus möglich ist, so ist die Wärmeableitung geringer. Ob es dadurch zu gefährlichen Temperaturen kommen kann, soll im nachfolgenden Kapitel diskutiert werden.

4. Berechnungen zur Wärmeentwicklung durch elektrische Leitungen in Papierfaserdämmschichten

Kabel und Leitungen, die zum Transport elektrischer Energie bestimmt sind, erzeugen durch den ohmschen Widerstand Verlustleistungen. Diese Verlustleistung, die in Form von Wärme freigesetzt wird, ist aus verschiedenen Gründen unerwünscht und daher möglichst gering zu halten. Zum einen besteht natürlich ein generelles Interesse darin, Verluste zu vermeiden, da es sich hierbei um Verlorenes und somit nicht Nutzbares handelt, was ökonomischen Zielen entgegenwirkt. Zudem haben Wärmeverluste eine meist unerwünschte Erwärmung der Betriebsmittel zur Folge, so auch bei Kabel und Leitungen. Diese Wärme gilt es in geeigneter Weise abzuführen, um eine übermäßige Erwärmung, die eine Beschädigung des Isoliermaterials zur Folge haben kann, zu verhindern. Bei der Verlegung von Leitungen in Wärmedämmstoffen ist eine günstige Wärmeableitung jedoch nicht gegeben. Die Aufgabe, Wärme besonders schlecht zu leiten, erfüllt der Wärmedämmstoff natürlich auch bei der Verlustwärme von Leitungen und zeigt hiermit einen Widerspruch auf. Die sonst gewünschte gute Wärmedämmung bzw. schlechte Wärmeleitung wird in der Umgebung von Kabel und Leitungen als Nachteil betrachtet. Die im vorherigen Kapitel betrachteten Eigenschaften von Papierfaserdämmstoffen als lose Schüttung erbringen im Bezug auf die Verlegung von Kabel und Leitungen noch einen weiteren Nachteil. Bei der Verwendung von Papierfaserdämmstoffen werden die Leitungen wie schon erwähnt im Regelfall allseitig umschlossen, im Gegensatz zu Dämmstoffmatten, bei deren Einsatz die Leitungen in der Regel einseitig an der Verkleidung (Holzplatte o.ä.) anliegen und damit eine bessere Wärmeabfuhr als bei Papierfaserdämmstoffen gewährleisten.

In den VDE-Richtlinien wird bei wärmegedämmten Wänden nur von der Verwendung von Dämmstoffmatten ausgegangen, d.h. die Leitungen liegen einseitig an der inneren Abdeckung an. In der DIN/VDE 0298 Teil 4 wird als Hinweis zu Verlegeart A eine wärmegedämmte Wand folgendermaßen beschrieben:

‘ Die wärmedämmende Wand besteht aus einer äußeren wetterfesten Platte, der Wärmedämmung und einer inneren Platte aus Holz oder holzähnlichem

Material. Der Wärmeleitwiderstand dieser inneren Platte beträgt 0,1Km²/W. Das Elektroinstallationsrohr oder die mehradrige Leitung sind in der Wand so angebracht, daß sie dicht an die innere Platte anschließen, sie aber nicht notwendigerweise berühren. Es wird angenommen, daß die Verlustwärme der Leitung nur über die innere Platte abgeleitet wird. Das Elektroinstallationsrohr darf aus Metall oder Kunststoff sein.'
Die allseitige Umhüllung der Leitungen mit einem Wärmedämmstoff wird nicht betrachtet und gibt somit eine günstigere Betrachtungsweise wieder. Allerdings wird auch davon ausgegangen, daß der Dämmstoff keinen Anteil bei der Wärmeabführung übernimmt, sondern die gesamte Wärme über die innere Platte abgegeben wird. Die VDE-Definition geht damit von Bedingungen aus, die mit einer papierfaserwärmegedämmten Wand nicht vergleichbar sind, denn im Gegensatz zur VDE-Definition muß hier davon ausgegangen werden, daß die gesamte Wärme über den Dämmstoff abgeführt wird.

Die Verlustleistung, die als Wärme freigesetzt wird, hängt von dem Widerstand R des Leiters und dem Strom I ab.

$$P_V = I^2 \times R \tag{4.1}$$

mit: P_V Verlustleistung in W
I Strom in A
R Leiterwiderstand in Ω

Der Widerstand R der Leitung errechnet sich aus den Formeln

$$R = \frac{\rho \times l}{A} \tag{4.2}$$

und

$$\rho_t = \rho_{20}[1+\alpha(T-20°C)] = \rho_{20}[1+\alpha \times \Delta T] \tag{4.3}$$

mit:
ρ spez. Widerstand in Ωmm²/m
l Leiterlänge in m
A Leiterquerschnitt in mm²
α Temp.-Koeffizient des el. Leiters bei 20 °C in 1/K
T Temperatur in °C

In (4.1) eingesetzt und über die Zeit t betrachtet ergibt sich für die Wärmemenge:

$$Q = I^2 \times t \times \frac{l}{A} \times \rho_{20}[1 + \alpha \times \Delta T] \qquad (4.4)$$

mit: Q Wärmemenge in J oder Ws

Diese Wärmemenge muß an die Umgebung abgegeben werden, um eine übermäßige Erwärmung zu vermeiden. Der Wärmetransport erfolgt von der Kupferleitung über die Kunststoffisolierung zum Dämmstoff, von dort über die Holz- oder Gipskartonplatten an die Umgebung. Für den Wärmetransport vom Kupfer an die Kunststoffisolierung kann auf eine Berechnung verzichtet werden, denn die Wärmeableitung ist bei Beachtung der höchstzulässigen Ströme auf jeden Fall ausreichend, da die Kabel und Leitungen unabhängig von der Installationsart die Wärme über die Isolierung abführen müssen und hierauf schon überprüft worden sind. PVC ist mit einer Wärmeleitfähigkeit von λ=0,16W/mK um etwa den Faktor 4 größer als der Lambdawert von Mineraldämmstoffen. In der Tabelle 4.1 sind beispielhaft einige Baustoffe mit ihrer Wärmeleitfähigkeit aufgeführt, anhand derer man sich eine Vorstellung der Größenverhältnissen machen kann.

Wärmeleitfähigkeit λ in W/mK	
Beton	2,1
Ziegelstein	0,6
Holzfaserplatte	0,13
Holz	0,1-0,2 !
Gipskarton	0,21
PVC	0,16
Aderisolierung	0,2
ruhende Luft	0,0026 !
Kupfer	384
Dämmstoffe	
Papierfaser	0,04-0,045
Mineralfaser	0,035-0,04
Polystyrol	0,025-0,035

Tab. 4.1: Wärmeleitfähigkeiten

Bei der Berechnung des Wärmedurchgangs durch den Dämmstoff ist zu berücksichtigen, daß die Ein- und die Austrittsfläche verschieden groß sind. Die bekannte Formel

$$Q = k \times A \times t \times \Delta T \qquad (4.5)$$

kann für diesen Fall nicht angewendet werden. Für verschieden große Ein- und Austrittsflächen wird folgende Formel zu angegeben [11]:

$$\frac{1}{kA} = \frac{1}{\pi l}\left(\frac{1}{\alpha_1 d_1} + \frac{1}{\alpha_2 d_2} + \frac{1}{2\lambda} ln\frac{d_2}{d_1}\right) \tag{4.6}$$

mit:

$1/kA$	Wärmedurchgangswiderstand in K/W
l	Länge des Rohres in m
α	Wärmeübergangskoeffizient in W/m²K
d	Durchmesser (Index von innen nach außen) in m
λ	Wärmeleitfähigkeit des Körpers in W/mK

Mit Hilfe dieser Formel läßt sich der Wärmedurchgangswiderstand von einer einschichtigen Rohrwand berechnen (Abb. 4.1). Für andere Konstellationen gibt es keine abgeleiteten Formeln. Für den Fall, der hier betrachtet werden soll, nämlich eine kleine Eintrittsfläche (Leitung) und eine große ebene Austrittsfläche (Holz- oder Gipskartonplatte), kann eine solche Formel nur empirisch ermittelt werden.

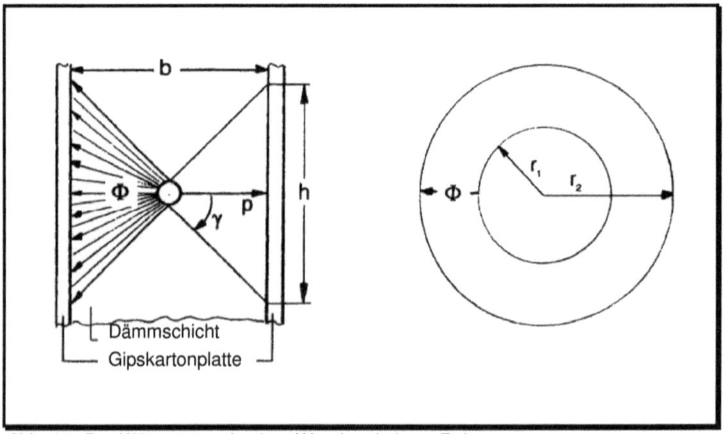

Abb. 4.1: Der Wärmestrom in einer Wand und einem Rohr

Somit scheint die Formel (4.6) für die beschriebene Anwendung unbrauchbar. Da sie jedoch die einzig verfügbare ist, ist zu überlegen, ob diese Formel nicht zumindest für approximative Berechnungen ausreicht.

Dazu stellt sich zunächst die Frage, in welcher Weise und Richtung überhaupt die Wärme abgeführt wird. Entscheidend hierfür ist die Dicke und der Aufbau einer wärmegedämmten Wand. Im Gegensatz zu der VDE-Definition betrachten wir eine Leichtbauwand in Ständerbauweise, die beidseitig mit Gipskartonplatten abschließt. Der Hohlraum mit der Wärmedämmung soll eine Breite von 100mm aufweisen. Die Wärme wird dann von der Leitung unter der Annahme, daß sie mittig in der Wand plaziert ist, prinzipiell allseitig abgegeben; eine kurze Entfernung zum Wandabschluß besteht jedoch nur rechts- und linksseitig der Leitung. Man könnte sich den hauptsächlichen Wärmestrom wie in Abb. 4.1 vorstellen. Es läßt sich unschwer erkennen, daß diese Annahme mit einer einschichtigen Rohrwand wenig gemein hat. Unter welchen Bedingungen könnte die Gleichung trotzdem approximativ gelten? - Die mittlere Distanz zwischen Kabel und Gipskartonplatte sollte der Dicke des Rohres und die Höhe der Austrittsfläche gleich dem halben äußeren Umfang entsprechen. Unter diesen Vorraussetzungen verändert sich die Länge der Wärmeleitung in der Dämmschicht und die Austrittsfläche der Formel entsprechend. Man kommt dann zu folgendem Ansatz:

$2h = U = 2\pi r$ und $r = \overline{p}$

hieraus ergibt sich:

$$\overline{p} = \frac{h}{\pi} \tag{4.7}$$

Unter der Voraussetzung b>> d_{Kabel}, die hier erfüllt ist (b=100mm, d_{Kabel}=8,2-10,2mm), gilt näherungsweise:

$$cos\gamma = \frac{b/2}{p} \qquad \text{oder} \qquad p = \frac{b}{2cos\gamma} \tag{4.8}$$

Der mittlere Abstand $\overline{p}$ wird nach Abb. 4.1 bestimmt über das Integral:

$$\overline{p} = \frac{1}{\gamma} \int f(\gamma) \times d\gamma$$

$$\overline{p} = \frac{1}{\gamma} \int \frac{b}{2\cos\gamma} \times d\gamma \tag{4.9}$$

$$\overline{p} = \frac{b}{2\gamma} \ln\left|\tan\left(\frac{\gamma}{2} + \frac{\pi}{4}\right)\right|$$

Setzt man in vorstehende Gleichung die Formel (4.7) ein und bringt b/2γ auf die andere Seite, so erhält man:

$$\frac{2\gamma h}{\pi b} = \ln\left|\tan\left(\frac{\gamma}{2} + \frac{\pi}{4}\right)\right|$$

$$\frac{2\gamma}{\pi} \tan\gamma = \ln\left|\tan\left(\frac{\gamma}{2} + \frac{\pi}{4}\right)\right| \tag{4.10}$$

Es resultiert eine transzendente Gleichung, die sich nicht alphanumerisch nach dem Winkel γ auflösen läßt; der Wert ist aber durch Iteration bestimmbar. Bei einem Winkel γ=64,15°=1,1196rad ergibt die Höhe 20,64cm bei einer Breite von 10cm. Die mittlere Entfernung $\overline{p}$ beträgt 6,570cm abzüglich des Leitungsradius.

Unter Anwendung der Formeln (4.5) und (4.6) kommt man zur folgender Lösung:

$$Q = t\Delta T \frac{\pi l}{\frac{1}{\alpha_1 d_1} + \frac{1}{\alpha_2 d_2} + \frac{1}{2\lambda} \ln\frac{d_2}{d_1}} \tag{4.12}$$

<u>mit</u>: d_1 Kabeldurchmesser

$d_2 = 2\overline{p} - d_1$

Nicht berücksichtigt in dieser Formel ist die Wärmeabfuhr durch die Gipskartonplatte. Da nur der Temperaturunterschied zwischen der Leitung und der Umgebung (damit ist die Umgebung beidseitig der Wand gemeint) und nicht die Temperatur an der Innenseite der Gipskartonplatte bekannt ist, kann man beide Wärmemengen nicht einzeln berechnen. Man benutzt hierfür die Formel einer mehrschichtigen Rohrwand [11]:

$$Q = t\Delta T \frac{\pi l}{\frac{1}{\alpha_1 d_1} + \frac{1}{\alpha_2 d_2} + \frac{1}{\alpha_3 d_3} + \frac{1}{2\lambda_1} \ln\frac{d_2}{d_1} + \frac{1}{2\lambda_2} \ln\frac{d_3}{d_2}} \tag{4.13}$$

Die Gleichung (4.13) nähert sich von *unten* der abgeführten Wärmemenge, da sie nur den hauptsächlichen Wärmestrom nach Abb. 4.1 berücksichtigt. Ein kleiner Anteil wird natürlich auch in senkrechter Richtung abgegeben werden, so daß der tatsächliche Wert geringfügig *über* dem berechneten liegt.

Die Formeln (4.4) und (4.13) erlauben nun die Berechnung der Wärmemengen, die a) in der Leitung entstehen und b) von der umliegenden Dämmung und der Gipskartonplatte abgeführt werden können. Die Gipskartonplatte dürfte für die Wärme kein großes Hindernis darstellen, da ihr Lambdawert um etwa den Faktor 5 größer ist als der der Dämmung.

4.1 230V Wechselspannungsleitungen

Die Wärmeentwicklung in Kabeln und Leitungen hängt im wesentlichen vom Material, dem Querschnitt, dem in einer Ader fließenden Strom und natürlich von der Anzahl stromdurchflossener Adern ab. In der ersten Rechnung gehen wir von zwei belasteten Adern in einer dreiadrigen NYM-Leitung aus. Die dritte Ader in dieser Leitung ist der Schutzleiter und im fehlerfreien Betrieb fließt in diesem kein Strom. Der Querschnitt wird bei einer Absicherung mit 16A mit 1,5mm² angenommen. Mit der höchstzulässigen Temperatur von 70°C und dem maximalen Strom von 16A wird der Wärmefluß berechnet. Der Wärmestrom wird als Wärmemenge pro Zeit definiert:

$$\Phi = \frac{Q}{t} \qquad (4.14)$$

mit: Φ Wärmestrom in W

In (4.4) eingesetzt folgt:

$$\Phi_L = 2 \times I^2 \times \frac{l}{A} \times \rho_{20}[1 + \alpha \times \Delta T] \qquad (4.15)$$

Diese Formel bietet den Vorteil, daß sie zeitunabhängig ist. Der Faktor 2 in der Gleichung berücksichtigt, daß in einer Leitung zwei Adern belastet werden. Da die Temperatur mit 70°C und der Strom als konstant angesehen werden, bietet sich diese Formel an. Numerisch ergibt sich folgender Wert:

$$\Phi_L = 2 \times 16^2 A^2 \times \frac{1m}{1,5mm^2} \times 0,0178 \frac{\Omega mm^2}{m}\left(1 + 3,9\frac{10^{-3}}{K} \times 50K\right)$$

$$\underline{\Phi_L = 7,261W}$$

Diese Leistung wird von 1m Leitung kontinuierlich als Wärme abgegeben.

Bei einer Umgebungstemperatur von 25 °C wird von der Dämmung folgender Wärmestrom aufgenommen und weitergeleitet:

$$\Phi_{ab} = \Delta T \frac{\pi l}{\frac{1}{\alpha_1 d_1} + \frac{1}{\alpha_2 d_2} + \frac{1}{\alpha_3 d_3} + \frac{1}{2\lambda_1} \ln \frac{d_2}{d_1} + \frac{1}{2\lambda_2} \ln \frac{d_3}{d_2}} \tag{4.16}$$

Der Einfluß der Wärmeübergangskoeffizienten zwischen zwei festen Stoffen ist vernachlässigbar; er spielt nur an der Grenzfläche von einem festen zu einem gasförmigen oder flüssigen Stoff eine Rolle. In nachfolgenden Rechnungen wird der Übergang zwischen festen Stoffen daher nicht mehr berücksichtigt. Auch der Einfluß der Gipskartonplatte kann aufgrund der geringen Dicke und der großen Wärmeleitfähigkeit vernachlässigt werden.

$$\Phi_{ab} = \Delta T \frac{\pi l}{\frac{1}{\alpha_3 d_3} + \frac{1}{2\lambda_1} \ln \frac{d_2}{d_1}} \tag{4.17}$$

$$\Phi_{ab} = 45K \frac{\pi \times 1m}{\frac{1}{8{,}1W/m^2K \times 156{,}4 \times 10^{-3} m} + \frac{1}{2 \times 0{,}04W/mK} \ln \frac{131{,}4 \times 10^{-3} m}{8{,}5 \times 10^{-3} m}}$$

$$\underline{\Phi_{ab} = 3{,}932W}$$

Der durch die Dämmung abführbare Wärmestrom ist deutlich kleiner als der durch die Leitung erzeugte. Eine Erwärmung auf über 70 °C ist damit wahrscheinlich. Um die Endtemperatur zu errechnen, werden die Wärmeströme gleichgesetzt und die Gleichung nach ΔT aufgelöst.

$$\Phi_L = \Phi_{ab}$$

$$2I^2 \frac{l}{A} \rho_{20} \left(1 + \alpha \Delta T_L\right) = \Delta T_{ab} \frac{\pi l}{\frac{1}{\alpha_3 d_3} + \frac{1}{2\lambda} \ln \frac{d_2}{d_1}} \tag{4.18}$$

$$\Delta T_{ab} = \left(1 + \alpha 5K\right) \left(\frac{A\pi}{2I^2 \rho_{20} \left(\frac{1}{\alpha_3 d_3} + \frac{1}{2\lambda} \ln \frac{d_2}{d_1} \right)} - \alpha \right)^{-1}$$

Es ergibt sich ein numerischer Wert für die Temperaturdifferenz von:

$$\underline{\Delta T_{ab} = 92{,}92K}$$

Bei einer Temperatur der Umgebung von 25°C ergibt sich somit eine Temperatur von ca. 117°C an der Leitung, die damit eindeutig zu hoch liegt. Es stellt sich natürlich die Frage, bei welcher Belastung der Leitung eine Temperatur von 70°C gerade nicht überschritten wird. Isoliert man aus der Gleichung (4.15) den Strom *I*, so erhält man:

$$I_{70°C} = \sqrt{\frac{A\Phi_{ab}}{2l\rho_{20}\left(1+\alpha\Delta T\right)}} \tag{4.19}$$

$$I_{70°C} = \sqrt{\frac{1{,}5mm^2 \times 3{,}932W}{2 \times 1m \times 0{,}0178\frac{\Omega mm^2}{m}\left(1+3{,}9\times 10^{-3}\frac{1}{K}\times 50K\right)}}$$

$$\underline{I_{70°C} = 11{,}77A}$$

An diesem Ergebnis sieht man besonders gut die Wirkung des quadratischen Eingangs des Stromes in der Gleichung. Bei der Reduzierung des Stromes um etwa ein Viertel sinkt die Erwärmung auf gut die Hälfte.

Eine in der Elektrotechnik interessante Kennziffer ist die Stromdichte S. Sie gibt den Strom über die Querschnittsfläche des Leiters an. Für die beiden errechenten Grenzfälle ergeben sich folgende Stromdichten:

$$S = \frac{I}{A} \tag{4.20}$$

$$\underline{S_{16A} = 10{,}67\frac{A}{mm^2}}$$

$$\underline{S_{70°C} = 7{,}847\frac{A}{mm^2}}$$

4.2 400V Drehstromleitungen

Bei Drehstromleitungen mit fünf Adern können im fehlerfreien Betrieb vier Adern belastet werden. Bei symmetrischer Belastung werden nur die drei Außenleiter belastet, bei unsymmetrischer Belastung kann auch der Nulleiter von einem Strom durchflossen werden. Die symmetrische Last wird dabei als ungünstigster Fall angesehen[2], da hier die Stromdichte in den Außenleitern am größten ist. Betrachtet man diesen Fall, ergibt sich eine Gleichung, die sich von (4.15) nur durch die Anzahl der Leiter unterscheidet.

$$\Phi_L = 3 \times I^2 \times \frac{l}{A} \times \rho_{20} [1 + \alpha \times \Delta T] \tag{4.21}$$

$$\Phi_L = 3 \times 16^2 A^2 \times \frac{1m}{2{,}5mm^2} \times 0{,}0178 \frac{\Omega mm^2}{m} \left(1 + 3{,}9 \frac{10^{-3}}{K} \times 50K \right)$$

$$\underline{\Phi_L = 6{,}534W}$$

Auch in diesem Fall ist der erzeugte Wärmestrom größer als der abführbare und damit eine Erwärmung auf über 70°C zu befürchten. Durch den etwas größeren Außendurchmesser der fünfadrigen Leitung (ca. 14mm) erhöht sich allerdings auch der abführbare Wärmestrom:

$$\Phi_{ab} = 45K \frac{\pi \times 1m}{\frac{1}{8{,}1W/m^2K \times 156{,}4 \times 10^{-3}m} + \frac{1}{2 \times 0{,}04W/mK} ln \frac{131{,}4 \times 10^{-3}m}{14 \times 10^{-3}m}}$$

$$\underline{\Phi_{ab} = 4{,}912W}$$

Nachfolgend wird die Temperatur berechnet, die sich bei obigen Wärmestrom einstellt, aber auch der Strom, bei der die Temperatur 70°C nicht überschreitet.

[2] vgl. DIN/VDE 0294 Teil 4 S.2

$$\Delta T_{ab} = (1+\alpha 5K)\left(\frac{A\pi}{3I^2\rho_{20}\left(\frac{1}{\alpha_3 d_3}+\frac{1}{2\lambda}\ln\frac{d_2}{d_1}\right)}-\alpha\right)^{-1} \tag{4.22}$$

$$\underline{\Delta T_{ab} = 61{,}32K}$$

Die Temperaturerhöhung ist bei der Drehstromleitung schon deutlich geringer als bei der Wechselstromleitung. So erreicht die Leitung 'nur' noch einen Wert von etwa 97 °C.

Der Strom, bei dem sich eine Temperatur von 70 °C einstellt, beträgt:

$$I_{70^\circ C} = \sqrt{\frac{2{,}5mm^2 \times 4{,}912W}{3\times 1m \times 0{,}0178\frac{\Omega mm^2}{m}\left(1+3{,}9\times 10^{-3}\frac{1}{K}\times 50K\right)}}$$

$$\underline{I_{70^\circ C} = 13{,}87A}$$

Die beiden Stromdichten für die verschiedenen Belastungsfälle erreichen:

$$\underline{S_{16A} = 6{,}400\frac{A}{mm^2}}$$

$$\underline{S_{70^\circ C} = 5{,}548\frac{A}{mm^2}}$$

4.3 Leitungsbündel

Aufgrund der Ergebnisse aus 4.1 und 4.2 liegen die Temperaturen bei voll belasteten Leitungen in Leitungsbündel in jedem Fall über 70 °C. Untersucht werden können bei dieser Konstellation die Temperatur bei einer Belastung mit 16A und der Strom bei einer Temperatur von 70 °C.
Betrachtet werden soll ein Leitungsbündel mit drei Wechselstromleitungen. Unter der Anahme, daß die Leitungen so nah zusammenliegen, daß jede nur etwa zu Zwei Drittel von der Dämmung umgeben ist, erhält man eine Berührungsfläche, die man ersatzweise mit folgendem Durchmesser beschreiben kann:

$$U_E = 3 \times \tfrac{2}{3} \times U_L$$

$$d_E = 2d_L \qquad (4.23)$$

$$\underline{d_E = 17mm}$$

In der Formel (4.18) ersetzt man lediglich den inneren Durchmesser und die Anzahl der Leitungen und kommt zu folgendem Ergebnis:

$$\underline{\Delta T_{ab} = 452{,}6K}$$

Bei einer derart hohen Temperatur der Leitungen kann man von einer sehr eingeschränkten Lebensdauer ausgehen. Die oben errechnete Temperatur wird wohl nicht eintreten, da in der Formel von einem konstantem Strom ausgegangen wird, der in der Praxis nicht zu erwarten ist. Der Leitungswiderstand, der mit der Temperatur zunimmt, wird zusammen mit dem Verbraucher einen Strom $I<16A$ einstellen. Trotzdem ergibt diese Rechnung ein alarmierendes Ergebnis, das durch eine praktische Untersuchung überprüft werden sollte.
Der Strom, bei dem eine Temperatur von 70 °C erreicht wird, ist nachfolgend aufgeführt. Der Wärmestrom beträgt bei dieser Temperatur 5,365W.

$$\underline{I_{70°C} = 7{,}941A}$$

Die Belastbarkeit der einzelnen Leitungen sinkt damit auf etwa die Hälfte. In der DIN/VDE 0298 Teil 4 findet man Hinweise, in der Leitungsbündel berücksichtigt werden. Tabellen geben Umrechnungsfaktoren für verschiedene Umgebungsbedingungen (Bündelung, Umgebungstemperatur, Sonneneinstrahlung etc.) an. Für eine Bündelung von drei mehradrigen Leitungen in einer Wand ist in Tabelle 11 ein Faktor von 0,7 angegeben. Die Belastbarkeit ermittelt sich dann wie folgt:

$$I_Z = I_R \times \Pi f \tag{4.24}$$

mit: I_Z Belastbarkeit bei abweichenden Betriebsbedingungen

I_R Belastbarkeit bei vereinbarten Betriebsbedingungen

Πf Produkt aller erforderlichen Umrechnungsfaktoren f

Bei der Anwendung dieser in der VDE-Vorschrift genannten Gleichung kommt man bei Verwendung des Stromes $I_{70°C} = 11{,}77A$ aus Kap. 4.1 zu folgendem Ergebnis:

$$\underline{I_{Z70°C} = 8{,}239A}$$

Dieser Strom ist mit dem oben ermittelten vergleichbar. Für Bündelungen in anderen Konstellationen kann man entsprechend auf die Tabelle in der DIN/VDE 0298 mit dem Strom $I_{70°C}$ als Bezugsgröße zurückgreifen. Dies gilt sowohl für die zweiadrig als auch die dreiadrig belastete Leitung.

5. Ergebnis

Die Ergebnisse aus dem vorangegangenen Kapitel sind wohl nicht zuletzt auch für den Verfasser sehr überraschend und erfordern deshalb weitere Überlegungen und Anstrengungen. Für die Ergebnisse der theoretischen Betrachtungen reichen die geltenden VDE-Vorschriften nicht aus. Die nach dem VDE-Regelwerk erlaubten Ströme führen bei den als Beispiele aufgeführten Installationsarten zu einer übermäßigen Erwärmung der Leitungen, d.h. die erlaubte Grenztemperatur für PVC-Leitungen von 70°C wird in jedem Fall überschritten. Die Definition über die Leitungsverlegung in einer wärmegedämmten Wand in den VDE-Vorschriften kann für *Schüttdämmungen*, in denen die Leitungen mit dem Dämmstoff allseitig umschlosen sein können, nicht angewendet werden. Hinreichende Untersuchungen mit einer neuen Klassifizierung erscheinen somit notwendig, sie würden auch Aufschluß darüber geben, ob die angewandten Rechenmethoden die Ergebnisse von praktischen Versuchen ausreichend bestätigen. Wie schon im vorherigen Kapitel erwähnt, wird die tatsächliche Wärmeleitung über der berechneten liegen. Inwieweit sie jedoch die Ergebnisse verändern, kann hier leider nicht hinreichend geklärt werden, erweckt für weitere Untersuchungen jedoch besonderes Interesse. Eines der wichtigsten Ergebnisse ist somit die Aufdeckung einer potentiellen Gefahrenstelle, die als solche wahrscheilich nicht erkannt worden wäre, nicht zuletzt deshalb, weil sie auch bei Beachtung der VDE-Vorschriften auftreten kann.

Die primäre Gefahr bei der übermäßigen Erwärmung von elektrischen Leitungen ist allerdings nicht die Entzündung von brennbaren Baustoffen, sondern die Beschädigung der Leiterisolierung.

Um diesem Ergebnis ein wenig den Schrecken zu nehmen, sind allerdings folgende Tatsachen zu berücksichtigen:

Der in einem Stromkreis fließende Strom ist im Gegensatz zu den theoretischen Betrachtungen nicht konstant, sondern nimmt mit zunehmender Temperatur ab. Der Leitungswiderstand hat einen positiven Temperaturkoeffizienten und erhöht mit zunehmender Temperatur den Gesamtwiderstand, der sich aus Leitungs- und Verbraucherwiderstand zusammensetzt.

Eine Belastung, die über längere Zeit im Bereich der Belastbarkeit liegt, ist in der Praxis insbesondere in neueren Anlagen unwahrscheinlich. Ein Strom von 16A in einem Wechselstromkreis erbringt eine Leistung von 3,68kW. Eine Waschmaschine z.B. nimmt in der Heizphase (die Zeit der größten Leistungsaufnahme) eine Leistung von ca. 3kW auf, zudem heizt sie nur für eine begrenzte Zeit. Die tatsächliche Belastung liegt für die meiste Zeit weit unterhalb der Belastbarkeit und erreicht diese nur in kurzen Lastspitzen (Abb. 5.1). In neuen elektrischen Anlagen hat man zudem eine erhöhte Anzahl von Stromkreisen, was natürlich eine Entlastung der einzelnen Stromschlaufen zur Folge hat.

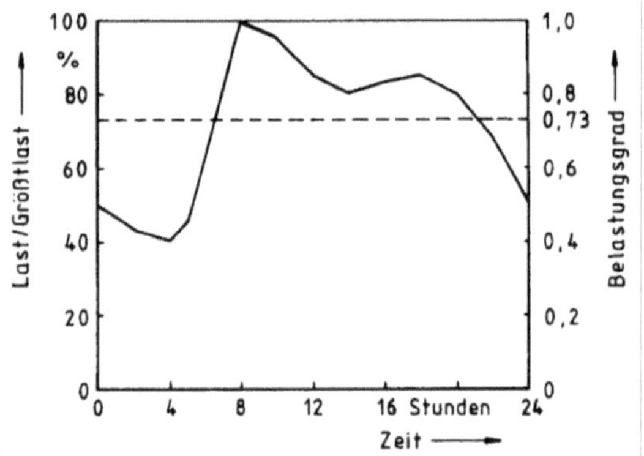

Abb. 5.1: Tageslastspiel und Bestimmung des Belastungsgrad (Beispiel) /10/

Das Interesse, ökologische Gesichtspunkte beim Bau von neuem Wohnraum mit einzubeziehen, ist gestiegen. Deshalb kann in vielen Fällen von einem Verzicht auf elektrische Geräte zur Beheizung von Wohnraum oder Warmwasserbereitung ausgegangen werden, da diese bekanntermaßen nicht sehr energiesparend sind. Insbesondere bei Bauherren, die 'ökologische' Baumaterialien wie Papierfaserdämmstoffe verwenden, ist zu erwarten, daß sie auf elektrische Heizgeräte verzichten. Insgesamt ist deshalb von einem Belastungsgrad auszugehen, der deutlich unter der

Belastbarkeit liegt (Abb. 5.1). Eine Belastung, die über längere Zeit die Belastbarkeit erreicht, ist demnach zwar unwahrscheinlich, jedoch nicht grundsätzlich ausgeschlossen.

Bei Niedervoltbeleuchtungseinrichtungen ist eine Beurteilung über die Gefährlichkeit erheblich schwieriger, zumal für mathematische Betrachtungen der Wärmeentwicklung zur Zeit die erforderlichen Berechnungsansätze fehlen. Geeignete Gleichungen können hier nur empirisch ermittelt werden. Da bei diesen Leuchten, insbesondere bei der Verwendung von Cool-Beam-Lampen, eine beträchtliche Wärmeleistung nach hinten (also in die Decke) abgegeben wird, kann jedoch von einer sehr starken Erwärmung ausgegangen werden. Cool-Beam-Lampen bzw. Kaltlichtreflektor-Lampen geben ca. 70% ihrer Wärmeleistung nach hinten ab, bei einer Lampe mit z.B. 35W wären das etwa 23W, die als Wärmestrom in die Decke abgeführt werden. Beim Selbsteinbau ist zusätzlich zu befürchten, daß keine geeigneten Maßnahmen ergriffen werden, die einen Mindestabstand zwischen Leuchte und Dämmung garantieren, und damit eine erhebliche Gefahr darstellen können. Zu diesem Thema wären deshalb praktische Untersuchungen wünschenswert. Im nachfolgendem Kapitel werden deshalb Vorschläge für relevante Untersuchungen kurz vorgestellt.

6. Vorschläge für Versuchsreihen

Da die berechneten Belastbarkeitswerte die VDE-Werte nicht bestätigen konnten, erscheinen weitere Untersuchungen sinnvoll.
Bei Halogen-Einbauleuchten sind mathematische Herleitungen von Gleichungen zur Berechnung der Wärmeentwicklung nicht möglich. Deshalb sind auch hier praktische Untersuchungen notwendig. Daher sollen vorab exemplarisch zwei Testaufbauten vorgestellt werden, mit denen praktische Untersuchungen möglich wären.
Für die Untersuchungen an Leitungen wird ein Aufbau nach Abb. 6.1 vorgeschlagen. Dieser Testaufbau unterscheidet sich in folgenden Punkten von denen des VDE:
- Die Wand aus Leichtbauelementen wird beidseitig mit Gipskartonplatten verkleidet. Mit diesem Aufbau wird eine Innenwand simuliert, die in der Praxis häufig anzutreffen ist. Beim VDE wird eine Außenwand betrachtet, der außenseitige Abschluß nur mit einer Holzplatte ist nicht besonders praxisgerecht. Zudem kann man bei Innenwänden beidseitig mit relativ konstanten Temperaturen rechnen, die im Test auch gegeben sind.
- Die zu prüfende Leitung liegt in der Mitte der Dämmstoffschicht und nicht an der abschließenden Platte.

In der Seitenansicht kann man erkennen, daß die Leitung schlangenförmig in der Prüfwand verlegt wird und damit eine relativ lange Leitung eingebracht werden kann. Die Leitertemperatur läßt sich dann ziemlich genau auch über den Leiterwiderstand berechnen und mit den Messwerten der Temperaturfühler (z.B. PT 100, wie in der Abb. 6.1 eingezeichnet) vergleichen. Eine derartige Leitungsverlegung ist auch von G. Harms [7] verwendet worden. Die Belastung der Leitung sollte der VDE 0298 Vorschrift entsprechen. Die Plazierung der Meßfühler sollte in verschiedenen Abständen zur Leitung erfolgen, um somit ein Bild über die Temperaturverteilung zu gewinnen.

6.1 Versuchsaufbau für Leitungen

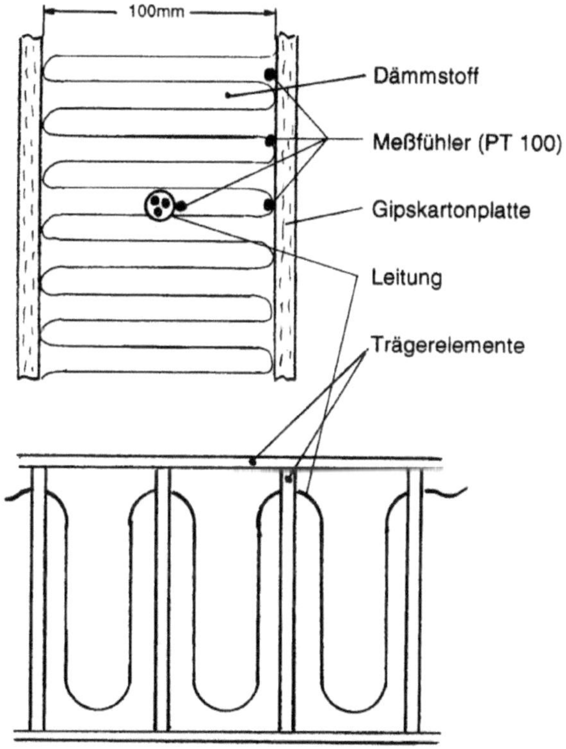

Abb. 6.1: Versuchsaufbau für Leitungen im Querschnitt (oben) und in der Seitenansicht (unten)

6.2 Versuchsaufbau für Einbauleuchten

Bei Halogeneinbauleuchten gibt es ein vielfältiges Angebot. Für Versuchszwecke ist ein Standardtyp zu empfehlen. Die Halogen-Glühlampen sind mit verschiedenen Leistungen (z.B. 20W, 35W und 50W) auszuwählen. Es wird jedoch empfohlen, Kaltlichtreflektorlampen mit Schutzglas zu verwenden, da diese die größte Wärmeabstrahlung nach hinten besitzen und unter den Reflektorlampen die häufigste Anwendung finden. In der Abb. 6.2 ist ein möglicher Versuchsaufbau dargestellt. In diesem Versuchsaufbau wird ein Tontopf wie in Kapitel 2 beschrieben als Hilfsmittel benutzt. Auch hier sind Temperatur-Meßfühler an verschiedenen Punkten angebracht, um einen Überblick über die Temperaturverteilung zu gewinnen. Die Dämmschicht wird mit einer Dicke von mind. 140mm angenommen.

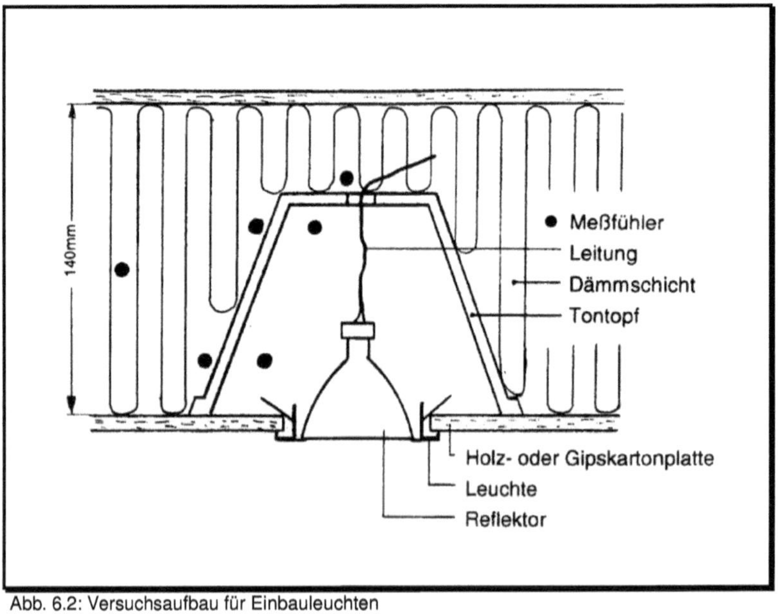

Abb. 6.2: Versuchsaufbau für Einbauleuchten

7. Literaturverzeichnis

[1] Bartsch, Hans-J: Taschenbuch mathematischer Formeln
Verlag Harri Deutsch, Thun 1987, 7.-11. Auflage

[2] Borsch-Laaks, R: Sorption, Diffusion, Kapillarleitung
Technische Information der 'isofloc Ökologische Bautechnik GmbH', Hessisch-Lichtenau

[3] Brechmann,G.: Elektrotechnik Tabellen, Westermann
Braunschweig 1985

[4] Cap, Ferdinand: Physik griffbereit, Vieweg & Sohn Verlag
Braunschweig 1972

[5] Führer, Arnold: Grundgebiete der Elektrotechnik
Band I: Stationäre Vorgänge
Hanser Verlag, München 1988, 3. Auflage

[6] Führer, Arnold: Grundgebiete der Elektrotechnik
Band II: Zeitabhängige Vorgänge
Hanser Verlag, München 1988, 3. Auflage

[7] Harms, Gerd: Belastbarkeit elektrischer Leitungen in wärmedämmenden Wänden, in: etz Bd. 110
Heft 9, S.414ff, 1989

[8] Haufe, Heinz: Schutz der Leitungen und Kabel gegen zu hohe Erwärmung nach VDE 0100/7.76
VDE-Verlag GmbH, Berlin 1977

[9] Kiefer, Gerhard: VDE 0100 und die Praxis
VDE-Verlag GmbH, Berlin 1984

[10] Kiefer, Gerhard: VDE 0100 und die Praxis
VDE-Verlag GmbH, Berlin 1992, 4. Auflage

[11] Kuchling, Horst: Taschenbuch der Physik
Verlag Harri Deutsch, Thun 1988, 11. Auflage

[12] Pfisterer, Stefan: Brandschutztechnische Gesichtspunkte bei der Verlegung von elektrischen Leitungen und Leuchten in ökologischen Dämmstoffen
Studienarbeit an der BUGH Wuppertal 1994

[13] Sattler, Jürgen: Leuchten: Erläuterungen zu DIN/VDE 0711
VDE-Verlag GmbH, Berlin 1992, 3. Auflage

[14] Vogt, Dieter: Elektro-Installation in Wohngebäuden
VDE-Verlag GmbH, Berlin 1984

[15] Ökobaujournal/Z., Ausgabe Nr. 5, September 1993

[16] Niedervoltbeleuchtungsanlagen und -systeme, Richtlinien zur Schadenverhütung
VDS; Köln 1992

[17] Verbesserter Wärmeschutz als Gemeinschaftsaufgabe mit der neuen Wärmeschutzverordnung
Bundesbauministerium, Bonn 1994

[18] DIN/VDE 0100 Teil 430 Schutzmaßnahmen; Schutz von Kabeln und Leitungen, Empfohlene Werte für die Strombelastbarkeit I_Z, Beiblatt 1
VDE-Verlag GmbH, Berlin 1991

[19] DIN/VDE 0298 Verwendung von Kabeln und Leitungen für Starkstromanlagen

Teil 2: Empfohlene Werte für die Strombelastbarkeit für Kabel mit Nennspannungen U_0/U bis 18/30kV VDE-Verlag GmbH, Berlin 1979

Teil 3: Allgemeines für Leitungen VDE-Verlag GmbH, Berlin 1983

Teil 4: Empfohlene Werte für die Belastbarkeit von Leitungen VDE-Velag GmbH, Berlin 1988

[20] DIN/VDE 0711 Leuchten

Teil 1: Allgemeine Anforderungen und Prüfungen VDE-Verlag GmbH, Berlin 1994

Teil 500: Besondere Anforderungen: Niederspannungssysteme z.Zt. Entwurf, VDE-Verlag GmbH, Berlin 1991

[21] EN 60357 Anmerkung zu Halogenglühlampen für allgemeine Anwendungen